嚴浩

Yim Ho's Therapeutic Recipes for Healthy Living

天然・養生・藥廚

感謝

沒有你們，也沒有奇蹟——

謝謝每一位寫信來分享實戰經驗的讀者，因為你們的分享，改變了無數人的命運，你們都是天使。謝謝「食療主義」團隊，謝謝好朋友Lulu和Alex這一對最佳拍檔，謝謝我的老婆。還有，謝謝報社和出版社！

前言

「讓你的食物成為你的藥」，這是現代醫學之父，醫聖希波克拉底在公元前三百多年前説的話。

這一套書中的食療，是我在歷年間，通過報章上的專欄與無數讀者互動的實戰精華，在過程中受到整個社會的監督，沒有任何欺騙作假的空間。謝謝香港社會的自由開放氣氛，這樣的模式和成功的經驗相信在世界上任何地方都不多見。

我的食療主要是食物，從讀者的來信分享中可以看到，很多病例使用食療的效果比藥物還要好，而且沒有藥物帶來的副作用。我並不是企圖鼓吹食療比主流療法優勝，只是在實戰的過程中，發現了傳統醫藥的療效有空白，而食療恰恰填補了這個空白。人類沒有完美的醫術，理應採取互補的方法。食療的重要在世界上已經重新被發掘，終有一天病人會以不斷的成果反過來啓發社會使用食療填補醫藥的空白。全世界每一個國家的政府都要面對越來越昂貴的醫保費，認真去瞭解食療而且有制度地推行，將會有效地舒緩嚴重的經濟負擔，大眾的健康也更有效改善。

食療是大自然恩賜給眾生的禮物，但因為太常見，太便宜，反而沒有人放在眼內，就好像每天為你辛勞的身邊人，你有幾時會向她/他們表示感恩？

「食療主義」的緣起

我的理想是把食療和天然非入侵性療法結合起來，為人們的健康發揮最大效益，「食療主義」是幫助我實現理想的團隊，也是我和有共同理想的朋友們的健康基地。在這些年裏，我和讀者們一齊通過實戰，打破很多傳統的健康謬論，發掘出一樣又一樣真正能夠幫人改善健康的天然食品，包括：椰子油、布緯食療、油拔法、行山法、古方心路通、亞麻籽油、蕎麥蜂蜜、茶籽油、桑葉茶、黑蒜、益生菌、蒜頭水、印度人參、澳洲堅果油……這些食物和方法為亞健康人士帶來轉機甚至生機。但這些食物和營養補充品對大部分人來說都非常陌生，在市面上也幾乎沒有辦法找到，如果沒有一個團隊的支援，是不可能讓這套方法實現的，有了這個團隊，本書中所介紹的各種食材就有購買的地方。

除了食療，我們還從歐洲引進「生物共振」療法，「生物共振」為有需要的人度身訂造一套食療，也幫助細胞通過「運動」恢復健康。如果說食療是細胞營養學，「生物共振」就是細胞運動學，兩者的結合，組成了「食療主義」。

食療主義的聯繫方法：www.WeHerbHK.com 或食療主義.com 電話：2690 3128

目錄

6 自白

嚴浩的簡單美食

8 經常吃的食物
12 補充骨膠原的高湯
14 小米粥
16 黨參小米粥
17 海參小米粥
18 紅蘿蔔飯
20 藜麥黑糯米飯
21 炒番茄
22 奇亞籽蜂蜜水
24 不吃飯不吃麵，也可吃這個
26 雜糧飯
27 黨參紅棗水

慢生活煮意

28 自製四川泡菜
30 自製韓國泡菜
32 自釀梅子酒
34 自製酒釀
36 自製酸奶
38 自製辣椒油
40 自製麵包～麵包機版本
42 自製蛋麵

重拾健康的鑰匙

44 健康法則
48 油拔法 QR Code
58 布緯食療 QR Code
59 酸椰菜汁

改善皮膚

64 布緯食療對濕疹、牛皮癬的神奇療效
66 W媽媽的實證分享兒童濕疹、牛皮癬
75 嬰幼兒回復嫩滑肌膚
77 引起嬰幼兒濕疹的食物
80 十穀米水
81 絲瓜糊
82 菜糊仔
83 其他有效的濕疹、牛皮癬的治療法
85 提子乾水
86 治濕疹湯
88 淮山茶
90 綠豆蜂蜜飲
92 手上水泡的療法 QR Code
94 牛皮癬實戰錄
96 黑靈芝黑豆湯
98 皮膚裂、口瘡的療法
98 益生菌
100 蒜頭水
102 自製蒜頭水
104 玫瑰痤瘡的療法
106 暗瘡（痤瘡）的療法
109 蕁麻疹

醫治鼻病

110 防治鼻竇炎
113 桂枝白芍瘦肉湯
114 烏梅甘草茶
116 花椒治彈弓手

對付口腔、腸胃病

118 牙周炎
119 麥冬生地熟地湯
120 口臭
122 便秘
124 布渣葉火炭毛茶
126 幽門螺旋菌
127 胃酸倒流與胃酸不足
128 胃竇炎和胃下垂
129 豬肚黃芪陳皮湯
130 腸易激綜合症

戰勝真菌

134 灰指甲
135 香港腳

防治痛風

138 痛風
140 青木瓜湯煮綠茶
142 新鮮百合湯

清血脂降血壓良方

144 古方通血管
148 黑木耳，血管的清道夫
149 黑木耳湯
150 黑木耳舞茸菇糊
150 涼拌黑木耳
151 膽固醇不是敵人
152 吃出好血管的食物
154 降脂茶
156 鉤藤降血壓
157 鉤藤茶
158 決明子茶
159 草決明黨參山楂綠茶

預防感冒、增強抵抗力

160 增強免疫力四法
164 黃薑
165 黃金醬
166 提高大人和孩子的免疫力
170 漱口功
173 乾咳、長期乾咳
175 火燂薑 QR Code
176 熱洋葱汁
178 龍脷葉馬蹄豬肺湯
180 陳皮紫蘇飲
181 四豆飲
182 熱水袋治夜咳
183 泡腳法

附錄

184 東坡養生法、攪舌法
186 提肛法、飲水提肛法
188 英文食譜

自白

我晚上十點左右就要睡覺，早上六點左右起床，冬天七點左右。這個作息時間多年來都是這樣，如果違背了就會不舒服，後來明白這叫生理時鐘，幾乎地球人都應該是同樣的生理時鐘，知道了有生理時鐘的存在，就開始懂得和身體溝通，我對養生這門自然科學的開竅是從這裏開始的。

起床後我做油拔法，然後喝一大杯暖開水，吃一些營養補充品後便出門散步一小時，天氣好上山，天氣不好撐着傘走平路。回來後吃一個營養豐富的早餐，內容已經在這本書中和大家分享。我每天的案頭工作非常多，我想辦法讓自己站着打字，一個小時後休息五分鐘、十分鐘，無形中增加了運動的時間，在生活中，只要多站多走動就等於運動。但我也做「傳統」的運動，在不特別忙的日子，除了早上散步，盡量安排自己一星期做兩次肌肉鍛鍊運動，每次四十分鐘，還有一次瑜伽。肌肉發達，血管就不容易硬化，對大腦和心臟的健康頭等重要。人年紀越大越要注意鍛鍊肌肉，否則肌肉會萎縮，科學家也證實肌肉中有「青春荷爾蒙」，注意運動的人真的會青春常駐。明白這個道理以後，我還監督自己盡量每天做一組俯臥撐和下蹲站起運動。我也做氣功，陸陸續續的已經做了很多年，平時我也靜坐，冥想，對減壓有關鍵的作用。這些運動聽起來很多，其實只要安排合理，佔用的時間很少，這種時間投資是最值得的。

我們很少出去吃飯，不盡是為了「養生」，是很難找到好飯館，我們家的食用不奢華，但堅持找最好的食材，味蕾感覺提升的結果，是很容易發現過分烹調或者不用新鮮食材的飯館，放再多的調味品也難逃法眼。我也注意喝水，過一小時左右就喝一小杯，不要等口乾才喝，有可能引起各種身體的不適，這個細節在亞健康的人群中要特別重視。

經常吃的食物

雜糧代替白米飯

過去很長時間家裏都以白米飯作為主食，後來發現用餐後不久很快就餓，還會餓得發慌，不但無法工作，連脾氣也變得很臭，需要立即吃東西。當我意識到這問題出在食物影響了血糖，便決定改變主食的結構，用雜糧代替白米飯，以免血糖波動太大。一開始只是用糙米或者紅米代替白米飯，但覺得不太可口，索性將各種雜糧混在一起：糙米、紅米、黑米、黑糯米、藜麥、小米、蓮子、芡實、薏米、鷹嘴豆、紅豆、黑豆、綠豆、各種扁豆等等。每種雜糧都按照差不多相同的份量，混合在一個玻璃容器中，烹飪的過程和過去煮白米飯一樣簡單，不過需要提前浸泡，這過程十分重要。這樣混合後的雜糧飯，避免了單一粗糧造成的寡味口感，相反香味十分豐富。

鹽糖

精煉白砂糖和精製餐桌鹽要少吃，前者零營養，全是熱量，後者為了鹽不凝結成塊，可能添加了重金屬鋁。我家的調味料中也絕沒有這兩種東西，糖應該選擇黑糖、原蔗糖（不經漂白和精煉）、蜂蜜（不要用於烹飪）等；鹽則應該選擇海鹽或者岩鹽。這樣的糖和鹽都含有天然礦物質，對人體而言，這些微量元素往往有「四兩撥千斤」的維持健康作用，不可小覷。

香料

我也愛香料，除了平時常用的蒜頭、生薑、洋葱、葱、芫茜、黑／白胡椒外，也不時使用黃薑、肉桂條／粉、花椒、小豆蔻等。小豆蔻是我去一家中東餐廳吃飯的時候，發現他們的咖啡有一種特別的香味，請教之後得知他們在煮咖啡的時候加入了小豆蔻，於是這也成了我現在喝咖啡的一個習慣。這些香料有溫暖內臟和祛濕作用，特別適合濕熱又一天到晚開冷氣的南方。

油脂

大部分人對脂肪缺乏認識，尤其不了解反式脂肪的危害，反式脂肪進入人體之後無法被正常代謝排泄，會在體內堆積，造成各種健康問題。美國已經禁止在食物中使用反式脂肪，但在香港仍然沒有任何警告和措施，大家只好自求多福，譬如所謂植物牛油是將植物油氫化之後的結果，含有反式脂肪，對健康是災難。

慎重選擇家中的煮食油，任何吃進肚子的脂肪都直接影響細胞健康，人不過是所有細胞加起來的總和，後果可想而知。拒絕上述的反式脂肪，同樣嚴拒精煉油，如果在煮食油的營養標籤上看到「精煉油」或者「Refined Oil」，請馬上放下。沙拉油一定要堅持標明「冷壓／冷榨／cold pressed」，如果「有機／Organic」更好，煮食油可用椰子油、山茶油或澳洲堅果油（俗稱夏威夷果仁油）。

絕大部分的植物油都不耐高溫，溫度不但破壞營養，還會令油脂變質，變成反式脂肪。橄欖油、葡萄籽油、亞麻籽油、大麻籽油等絕對不適合烹飪，只能用於涼拌。

烹飪方法

烹飪方法同樣重要，不要過分加熱，不建議炸食物，不要在炒菜前把油燒得很熱。建議用「水油炒法」代替高溫爆炒，降低脂肪在高溫下變質的風險，方法是：先煮滾少量的水，把菜放入其中，再加適量的油拌炒。

自製食物

我們家自己釀米酒、泡梅子酒，也自己做乳酪、納豆、泡菜，興之所至，也自己做麵包、麵條，做這些食物的方法其實不難，但過程中很有樂趣，很放鬆神經，更不用擔心食品添加劑的問題。慢生活的好處在世界上被越來越多人認可和提倡，在我們家的慢生活提倡者和執行人是我老婆，我只是坐享其成……

AJITENKA
Walnut
100% USA Original Walnut
Natural Spices from Nepal
medicura
Goji
juice
BIO
100 % Organic Goji NFC juice
Lycium barbarum from
certified organic agriculture
bio
Content: ℮ 330 ml
PHINI
OLIVES
EXTRA
VIRGIN
OLIVE OIL
WESTERN AUSTRALIA
RAW
COCONUT
OIL
100% Organic & Virgin
450mL
ORGANIC CHEZNUT
HONEY*
*From organic farming
500 GR
EXPIRY DATE 12-2017

補充骨膠原的高湯

材料

• 雞或鴨：數個雞殼或鴨殼，或全隻雞或鴨連皮、腳、內臟；或

• 牛、羊、豬：可用大骨包括關節，加頸、背或排骨，排骨最好連肉帶皮；或

• 魚頭、魚骨、用剩的蝦殼、蟹殼。

• 有機蘋果醋、洋葱（隨意切細）、紅蘿蔔（隨意切細）、少量芹菜、粗海鹽、鮮磨黑胡椒、一紮芫茜或西洋芫茜（備用）。蘋果醋、蔬菜和調味料的份量可按骨頭的份量有所增減。

做法

將所選的骨頭連皮肉內臟洗淨後放入大鍋出水（冷水時放入肉和骨頭煮至沸騰，之後再煮三分鐘左右），將水倒走。加入適量潔淨冷水（淹沒過食材即可）和蘋果醋（約三十至六十毫升，按照肉類和骨頭的份量多少增減調整），用大火煮至沸騰後，加入蔬菜（除了芫茜）和黑胡椒，蓋上鍋蓋用慢火煮三小時或以上（可用真空煲焗四至五小時或一晚最節約能源）。關火後放入芫茜，焗十分鐘。將湯隔渣，加海鹽調味。可分小包放保鮮膠袋或密封玻璃瓶冷藏或雪藏。冷藏可保持七天，在冰格可雪藏三個月。

要點

一定要用酸性物質，如醋、酒或番茄將骨頭裏的礦物質徹底分解和抽出，才能得到最佳裨益。成品在雪櫃冷藏保持時會變透明啫喱狀，加熱後會變成液體。熬的時間越長，湯越濃縮，可作高湯使用。

效用

美味高湯充滿粘嘴唇的動物凝膠、骨膠原和多種礦物質如鈣、鎂、磷、硒和硫酸，以及有益關節的葡萄糖胺（glucosamine）和軟骨素（chondroitin），對促進骨骼、關節、皮膚和內臟健康很有幫助。

小米粥

材料

小米　四份一杯煮飯用量杯

水　　兩升

做法

將一杯小米用清水浸泡一夜，次日，倒掉浸泡的水，用清水稍微清洗。

將水煲滾之後，放入小米，轉用中大火煲，令小米保持翻騰（不同蓋上鍋蓋）。

當米湯開始變得濃稠，容易向外濺出時，轉小火，蓋上鍋蓋，再煲十分鐘。熄火，讓小米粥自然冷卻到可以食用的溫度。小米粥粥面的皮是小米的精華所在，能益氣健脾。

黨參小米粥

用黨參一條或十克。

洗乾淨，切成小段。用清水浸泡一夜（可以放在冰箱保存），次日，將黨參連水放入鍋中，可加入更多的水（達到煮粥需要的份量），水燒滾之後，小火煲三十分鐘。將黨參撈出。加入小米煮粥。

小米開始綿，米湯變得濃稠。

海參小米粥

將海參浸泡二至三天，期間每日換水兩次（不同品種的海參，所需要的浸發時間可能不同）。將發好的海參去除內腸，清潔乾淨；鍋中煮滾水，加入葱、薑片，將清潔後的海參放入，小火煮十分鐘。將海參取出，切條。炒鍋中加入一湯匙油，放入肉碎略炒（不喜歡肉碎可以不加），再放入海參條，一起略炒三至五分鐘，再加入清水或者雞湯，用適量豉油或鹽調味，蓋上鍋蓋，小火燜三十分鐘。煮小米粥時，當小米粥煮至湯開始變粘稠時（已煮四十分鐘），加入炒好的肉碎海參，再用小火煮十分鐘即可。

紅蘿蔔飯

材料

紅蘿蔔中型二個或小型四個（切丁後大約三百毫升）、堅果油一湯匙、鹽半茶匙、米一杯

**這個份量是配煮飯的量杯一杯米的份量。如用玉豆、豇豆等豆類烹飪後會縮水變小，切丁後需約四百毫升的份量。

做法

紅蘿蔔切丁。

鍋中放入一湯匙油，加入紅蘿蔔丁，下半茶匙鹽，用中小火炒大約五至十分鐘，令紅蘿蔔中的水分散失一些，當紅蘿蔔呈半脱水的狀態，表面金黃時即可熄火。

當電飯鍋中的米飯還剩十分鐘完成時，加入炒好的紅蘿蔔丁，不用攪拌，讓它留在飯的表面。蓋好電飯鍋的鍋蓋，讓它完成煮飯程序。享用前，可灑下黑芝麻伴食。

註

如果用玉豆或豇豆，炒到表面金黃就可熄火，待米飯剩下一半烹飪時間時，就可將豆子加入。因玉豆和豇豆需要更長的時間才會煮得綿軟可口。

藜麥黑糯米飯

材料

藜麥　三份二杯煮飯的量杯

黑糯米　三份一杯煮飯的量杯

水　一杯

做法

將藜麥和黑糯米用水浸泡一夜後，次日倒掉浸泡的水，再用清水沖洗一次。放入電飯鍋，加入一杯清水，加入一湯匙椰子油，少量鹽，用煮飯的模式烹調即可。

註：圖中黑糯米飯上的是蒜粒，我們平時食用並不會加上這味香料，當日只是為影相效果才加上。

炒番茄

材料

番茄一個、即磨黑胡椒、鹽

做法

將番茄表面劃十字，放入熱水燙兩分鐘，取出，去皮，切塊。

炒鍋中加入半湯匙堅果油，放入番茄，用小火略炒，蓋上蓋子，煮大約一分鐘，再略微攪拌，蓋上蓋子，再煮一分鐘即可，享用時可磨些黑胡椒和鹽調味。

奇亞籽蜂蜜水

材料

奇亞籽　一湯匙

水　五百毫升

蜂蜜　二茶匙

做法

將奇亞籽加入水中，不時攪拌，令奇亞籽可以充分接觸到水。大約二十分鐘後，待奇亞籽完全吸飽水，加入蜂蜜，攪拌均勻，即成為美味又有營養的飲品。

飲用時還可以加入蜂花粉一茶匙，更添營養和風味。

不吃飯不吃麵，也可吃這個

減肥消腫不成功、皮膚病總不好……有可能是被每天吃的白飯、白麵害的，這種精煉食物缺少人體必須的礦物質，也會引起水腫和刺激免疫系統，只可以當趣味食品偶然吃。我把三餐主食換成了雜糧飯，皮膚和體質都有改善。我會一次買齊這些食材：紅米、黑米、黑糯米、薏米、芡實、蕎麥、大麥、紅豆、黑豆、鷹嘴豆、綠豆、各種扁豆……回家後用一個玻璃罐子，把他們全部混合在一起。晚上量一杯這樣的雜糧，再加一把核桃仁，用清水浸泡一晚。早晨起來，把浸泡的水倒掉（這水用來淋花非常好），換上清水一杯，用電飯鍋煮飯的模式烹飪一個小時。一次多煮一點放在雪櫃中，吃的時候加熱。這個飯很香，也可以不時改變風味：加點黃薑粉、孜然、豆蔻粉、一點鹽，便成了「中東風味」；加點橄欖油、一點鹽、一點胡椒，便成了「地中海風味」；有時候加點黑芝麻醬、炒過的番茄、一湯匙椰子油，便成了「嚴sir百吃不厭風味」。你還可以用攪拌機把這樣的一碗飯全部打成糊，不但更有利於消化吸收，連家裏的老人和小孩也會很喜歡這樣的營養餐。建議不論甚麼口味都加入一湯匙椰子油和一隻炒過的番茄，對健康有長期的好處，也更好吃。

勞心者大部分都脾虛，包括我，我會先用黨參二十克（先浸泡半日或者一晚），大紅棗去核十粒（切開），用一升水煮三十分鐘，然後取汁，用這樣的湯汁來煮雜糧飯。你也可以結合自己體質變花樣：肝火旺的人用菊花水煮粥；腎虛的人用肉蓯蓉、杜仲、製首烏煲水煮粥；心火旺的人加點蓮子百合等等。

這食法可變化為十穀飯、糙米飯、藜麥飯、藜麥糙米飯、雜豆飯等等。炒番茄的做法在第二十一頁。

雜糧飯

材料

各種雜糧：紅豆、紅米、黑米、黑糯米、糙米、鷹嘴豆、扁豆、薏米、芡實、核桃、蓮子等等。

**各種雜糧可隨意搭配，份量亦隨意，一般而言，各種雜糧的份量相當，例如都是一百克，將雜糧混合後裝入玻璃樽保存。

做法

每晚將一杯雜糧，用清水浸泡一夜。次日，倒掉浸泡的水（可以用來澆花），雜糧用清水再沖洗一次。

將雜糧放入電飯鍋，加入一杯水，用煮飯的模式烹飪即可。（若電飯煲有煮白米飯和糙米飯兩個不同的模式，請選用煮糙米飯的模式，以便雜糧飯更軟綿可口。）

變化

雜糧加入電飯鍋之後，還可以加入切成小塊的番薯、淮山。烹飪時還可加入一湯匙冷榨椰子油和半茶匙鹽，會令碳水化合物的纖維變得更加柔軟可口。冷榨椰子油也可以選擇在食用的時候拌入飯中。

煮好的雜糧飯是營養豐富的早餐。還可以用大半碗雜糧飯，加入一百毫升熱水，用攪拌機打成雜糧糊，老少咸宜，十分容易被消化和吸收。

黨參紅棗水

材料

黨參十克、紅棗十粒、水一公升

做法

黨參清洗乾淨後，浸泡半日或者一晚（浸泡的水不要倒掉），紅棗去核，切開。黨參、紅棗用一升水（包括浸泡黨參的水在內）煮三十分鐘，然後取汁，用這樣的湯汁來煮雜糧飯，也可以當做茶水直接飲用。

自製四川泡菜

材料

紅蘿蔔一個、白蘿蔔一個、紫椰菜或綠椰菜大約二十片葉子、青辣椒（不辣的品種）五個

**自己製作時，份量可以隨意，喜歡的蔬菜可以多放一些，重點是要符合發酵容器的大小。

醃料

鹽三湯匙、原蔗糖一湯匙、花椒二湯匙、新鮮辣椒隨意、八角一顆、凍滾水約一公升

做法

準備一個專門製作泡菜的瓶子（二升容量），加入凍滾水和醃料，略微攪拌，令鹽和糖充分溶解。

將蔬菜切丁或切長條，放入容器至八成滿（要確保水淹沒過食材）。

夏季在室溫下醃漬三至四日，可以食用；冬季在室溫下醃漬約一星期可以食用。平時放置在室溫陰涼處保存即可。

註

用於製作泡菜的容器清洗乾淨後晾乾，製作前再用熱水沖一沖，最大程度減少細菌。可以不斷添加新鮮蔬菜到泡菜中，新添加的蔬菜發酵七天後再食用。夾取泡菜時，要用乾淨的筷子，筷子最好先用滾水燙一下，切忌有油和生水。建議最好選用專門用來製造釀造食物的玻璃瓶，因瓶蓋上有讓空氣單向流動的出氣口（看附圖），可以將發酵時產生的氣體排出。如果是普通的玻璃瓶，則需要在發酵期間，每日打開瓶蓋兩次放氣，若是好幾天都不打開瓶蓋放氣，積累的氣壓可能令容器爆裂。

自製韓國泡菜

材料

大白菜一棵（約兩斤）

醬糊

韓國細辣椒粉四湯匙、韓國粗辣椒粉六湯匙、魚露三湯匙、原蔗糖一湯匙

薑三十克、蒜三十克、蘋果（去皮去核）兩個、小型的洋葱一個、白蘿蔔或者紅蘿蔔一百克、粘米粉或糯米粉四湯匙、水四百毫升

做法

將每片大白菜葉都清洗乾淨，每片菜葉兩面都塗抹海鹽，平鋪在容器內，上置重物壓一夜。次日，用凍滾水，沖洗一遍菜葉，再充分擰乾。

蘋果、洋葱、薑、蒜全部放進攪拌機，攪拌成泥。

蘿蔔切成絲備用。

醬糊：將粘米粉（或糯米粉）與水混合成米糊，在鍋中用中火加熱，不斷攪拌，至米糊起泡，熄火，加入其餘全部材料，充分攪拌均勻。（醬糊做好之後可以試味並進行調整，直到做出最理想的口味。）

戴上烹飪用的手套，把醬糊均勻抹在每片白菜的兩面，平鋪在玻璃容器中（鋪滿八成

即可，要預留空間給發酵時產生的空氣），蓋上容器，夏季在室溫中放置二十四小時，冬季需要讓容器保存在大約攝氏三十度的環境中二十四小時，再放雪櫃冷藏保存。時間越久，酸味會越重。

註

韓國辣椒粉並不太辣，大家可以按照自己吃辣的程度略微增減，不可用其他品種的辣椒粉取代，因可能辣度太高，令成品過於辛辣。

自釀梅子酒

材料

青梅（有機最好）　六百克

燒酒（酒精度約為二十八度）　一千二百毫升

蜂蜜或冰糖　二百克

※※青梅的份量不同時，可以參考上面的比例搭配酒的份量

做法

將青梅用清水浸泡二小時，去除果蒂（這兩個步驟都是為了令成品沒有澀的口感），沖洗乾淨，吹乾或者曬乾表面留下的水分。

將青梅倒入已用熱水燙過的玻璃瓶，倒入燒酒。一個月後加入糖一百克，再過一個月後，再加入糖一百克（如果糖與酒同時放入，糖溶解後，會減慢梅子中的汁液滲入酒中的速度，故頭一個月可以不加糖，令酒可以充分萃取梅子中的香味）。

梅酒放在陰涼處貯存六個月即可飲用（通常三月青梅上市的時候製作，八月已經可以飲用）。

註

不要選用清酒泡梅子酒，因清酒的酒精度數較低，不太適合長期保存。

梅酒保存時間越久，酒味越醇美。也有人認為兩年左右的梅酒風味最佳。

自製酒釀

材料

糯米　五百克（以身形較圓的梗糯米為最佳）

酒麯　一顆（在街市可以買到「福祿」商標的上海酒餅，兩粒一袋，若是選擇其他品牌的酒麯，需要按照酒麯的說明來搭配糯米的份量。）

凍滾水三升備用

做法

糯米浸泡一夜，令其充分吸飽水分。蒸鍋裏把水煮滾，蒸籠鋪上紗布，將浸泡好的糯米放入蒸籠，中火蒸三十至四十分鐘，至糯米全部煮熟，不可有「夾生」米。

取出蒸好的糯米，灑上凍滾水令其降溫，並同時用乾淨的匙羹或筷子攪拌，令米粒散開，當糯米的溫度降至三十五度時，撒入酒麯，攪拌均勻，令每一粒糯米都能接觸到酒麯。

將和好酒麯的糯米放入釀酒玻璃瓶中，中間挖一個小坑，可以觀察出酒的情況。在約攝氏三十度的環境中發酵四天。完成後放雪櫃冷藏保存。

註

市面上有專為醃製泡菜、釀酒而製的玻璃瓶出售，它的蓋子有出氣孔（參閱第二十九頁的自製四川泡菜），排出發酵氣體，而不用每天打開瓶蓋兩次放氣，害怕氣體令玻璃瓶破裂。

製作的過程中，所使用的容器和工具一定要乾淨，不能有生水和油。

自製酸奶

材料

有機牛奶　五百毫升
市售天然原味酸奶　一百毫升
**牛奶與用來做「菌種」的酸奶比例為五比一

做法

將牛奶加熱到微微沸騰的狀態，約九十度，熄火（此步驟是為了殺菌）。
待牛奶溫度降低至四十五度，倒入保溫杯中，加入市售原味酸奶，攪拌均勻，蓋好保溫杯，大約六小時之後製成。
（自己製作時，牛奶和酸奶的份量可以跟隨保溫杯的具體容量而調整，牛奶與酸奶的比例可以是五比一，也可以是四比一。）

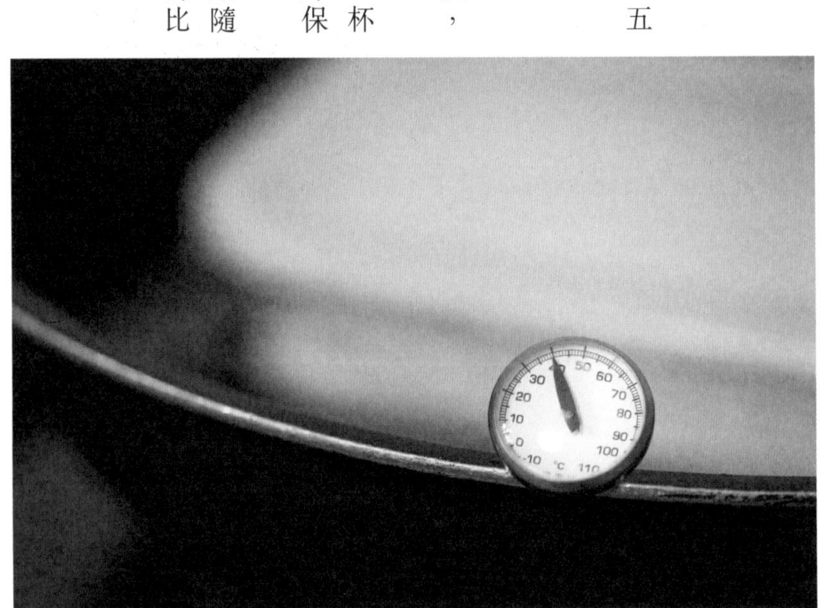

註

也可以不用保溫杯製作，直接用能夠密封的玻璃瓶子或者玻璃保鮮盒，牛奶和酸奶混合好放入容器後，需要放在溫度約為攝氏三十度的地方發酵二十四小時，可以用毛巾或毯子包裹容器，令其保暖。）

乳酸菌等有益菌要在無氧的環境下繁殖，所以容器一定要蓋好。

如果喜歡早晨吃溫暖的酸奶，可以用保溫杯夜晚製作，次日清晨食用。如果一次不能食完酸奶，需要放進雪櫃冷藏（攝氏零至四度）保鮮。每次都可以剩下少量酸奶，作為下一次製作的「菌種」。也可以每次製作時，除了加入上一次留下的菌種之外，再加入市售的其他品牌酸奶（與上一次不同的），這樣能夠令酸奶中的益生菌種類變得更加多樣化。

自製辣椒油

材料

四川辣椒粉或者韓國辣椒粉　四湯匙
白芝麻　二湯匙
生薑　約五片（或隨意）
堅果油　二百五十毫升

做法

將堅果油倒入鍋中用小火加熱，放入生薑片，慢慢煎至生薑片變乾，撈出。油溫上升至一百六十度時，熄火，將鍋移開（以免令油溫持續上升），加入辣椒粉和白芝麻，略微攪拌，令其均勻受熱。靜置至溫度降低到室溫，將辣椒油轉入玻璃容器保存。

註

四川辣椒粉味道十分辛辣，韓國辣椒粉則很溫和，可按自己的喜好選擇辣椒粉。
自製辣椒油平時可放在雪櫃冷藏保存。
為增加風味，可在熄火後加入兩湯匙豆豉。

自製麵包～麵包機版本

材料

雞蛋一個、水二百毫升、椰子油二湯匙、鹽半茶匙、黑糖二湯匙、有機全麥麵粉一百五十克、有機白麵粉二百克、酵母一茶匙

做法

將上述材料依次加入麵包機，開始製作即可。（成品大約為五百克重）。

自製蛋麵

材料

麵粉　一百克

中型雞蛋　一個

做法

將雞蛋打入麵粉，製作成麵糰（有需要的話可以再加少量水調節，但不要讓麵糰太濕軟，以免切割麵條時不容易成形），讓麵糰靜置十五至三十分鐘，用擀麵杖將麵糰擀成厚薄均勻的厚麵皮。

用壓麵機，按照由厚到薄的順序，將麵皮逐漸壓至滿意的厚度，再切割麵條。

註

蛋麵新鮮吃最美味，若一次做太多，可以將其晾乾，放在雪櫃冷凍保存，最好一周內食用完。

健康法則

一、從飲食平衡開始

我們身體的構造無法適應現代的飲食。在人類進化的二十萬年中，食物不容易獲得，使身體演變出一套新陳代謝的機制，能夠從攝取到的極小量食物中萃取最多能量，再轉化成脂肪存儲起來；當身體需要糖分時，便可以從脂肪中取得。然而現代的飲食，令我們容易攝入過多糖分，進入身體中的糖，形成像糖漿一樣的黏稠物包裹着器官，還會在血管中形成像玻璃碎片般的物質，令血管受損。不斷湧入的糖分，不斷造成新損傷，令身體長期處於慢性發炎狀態，消耗免疫系統大部分精力，於是身體變得容易過敏，血管容易退化，身體的自我修復功能亦變得愈來愈差。

其實，即使我們已經進入二十一世紀，即使再過一千年，人類的基因還是停留在石器時期。各種形形色色的現代流行病正是這兩者衝突下的產物——身體無法代謝太多的食物，再加上零運動。

二、要早睡，要運動

每天過了半夜不睡覺，吃仙丹都沒用。

一位一百一十二歲的老中醫在往生前整理了一百條養生秘方，第一條便是：「記住：睡覺是養生第一要素。」最佳上床時間是九時。每天都要散步，可以站的時候絕對不坐，可以走的時候絕對不坐車，連做家務都算是運動，只要不坐着，就是運動。

三、正面思維

人的健康百分之五十建立在情緒上，一些病甚至超過。我們遺傳的基因中可能有種種疾病，但基因不代表命運，卻與壓力有關，在大部分情況下，某些基因缺陷只在長期的高壓下才會開始影響身體，所以有些人得到遺傳的病症，有些人則沒有。

如何保持正面思維，不被負面思想影響？以下是一個網上流行的故事，如果您能悟到其中的真理而且融入生活，您便是一個樂觀正面的人，疾病也不輕易來找您，即使有了病，也有可能很快恢復。

一個人過世了，上帝提着手提箱走近他。

上帝說：好吧孩子，該走了。

人說：這麼快？我還有很多計劃呢⋯

上帝：抱歉，但是的確該走了。

人：您那個手提箱裏有甚麼？

上帝：你的所有物。

人：我的所有物？您是說我的東西？衣服？錢？

上帝：那些東西從來不是你的，它們屬於地球。

人：那是我的記憶吧？

上帝：記憶屬於時間。

人：那是我的才華？

上帝：才華屬於境遇。
人：是我的朋友和家人？
上帝：他們屬於你的人生旅途。
人：我的妻子和孩子呢？
上帝：他們屬於你的心。
人：那一定是我的身體了。
上帝：身體屬於塵土。
人：那肯定是我的靈魂！
上帝：孩子，你錯了，你的靈魂屬於我。
人雙眼含淚，戰戰兢兢地從上帝手裏接過箱子，打開以後，發現裏面空無一物！人震驚，淚流滿面。
人：難道我從來不曾擁有任何東西嗎？
上帝：是的，你從未擁有過任何東西。
人：那麼，甚麼是屬於我的？
上帝：你的當下，每一個你活着的當下都是你的。

生命只是當下，好好的過每一個當下，不活在過去的記憶，不活在對未來的擔心，這才叫活着。

油拔法

油拔法來自古老的印度，屬於阿育吠陀古方系列，已經有五千年歷史。西方網站上也有很多正面報道。

方法

一早，如廁後，空腹，未刷牙，連水也還沒喝，含一湯匙冷榨（cold pressed）芝麻油（不是普通的煮菜芝麻油），安靜的坐着，把油在齒間遊來遊去，注意不要把油吞下，千萬不要在喉嚨咕嚕，最少十五分鐘，最多二十分鐘，把油吐出後漱口，最好用淡鹽水。之後刷牙。

最初的油是粘稠的，十五分鐘後，油會變成奶白色。如果吐出時油的顏色仍然是黃色，可能時間不夠長或油量太多，也可能是油的不同品種，或者口水不夠。但油是否變色並不重要。

注意事項

不要用油漱喉嚨。不要將油吞下去，或者吐在行人道上、植物上，要從廁所中沖走。如果你對特定的品牌油過敏，改變油的品牌或使用不同的油。油拔時想打噴嚏或咳嗽，如果無法抑制，吐掉油，平復以後再重新含油繼續。如果痰湧進嘴裏，吐掉被污染的油，用新鮮油重新做。如果有大小便的衝動，是由於油拔前沒有排清，可以索性坐在馬桶上做。

兒童五歲及以上，用一茶匙的油就可以。

任何人五歲以上都可以做油拔法，婦女在妊娠和月經期間也可以練習，有植牙不受影響。如果想一天做多過一次，在餐後做要等四個小時，在喝任何飲品後，要等一個小時。

用甚麼油

早，如廁後，空腹，未刷牙，連水也還沒喝，含一湯匙冷榨油（根據網上千百個油拔法用者的經驗，冷榨葵花籽油或者冷榨芝麻油（cold pressed sunflower or sesame oil）是第一選擇，但用椰子油、澳洲堅果油、茶花籽油、大麻籽油、亞麻籽油都一樣可以。（請參考英文網站 www.oilpulling.com）

油拔法是整體療法

油拔法不是針對某一個特定的病，它是從整體上讓人重新恢復健康，但不可以單靠油拔法，需要同時吃對食物、忌口、運動、早睡早起。

「油拔法」流傳到西方以後，有一位 Dr. Karach 用這個方法在他的病人中推廣，收集了大量珍貴的第一手資料，根據 Dr. Karach：慢性疾病可能需要一年才治好，而急性疾病可以在二至四天內治癒。要堅持練習，直到重新恢復青春活力、頭腦清明、良好睡眠、好食慾及恢復好記性為止。Dr. Karach 指的各種疾病，包括：偏頭痛、肺炎、牙疼、血管堵塞、濕疹、潰瘍、胃病、腸病、腹膜炎、腦膜炎、心、白血病、風濕、腎、肝、肺、婦科。還有神經系統、中風、腦炎，和阻止惡性腫瘤長大、治癒傷口，也治癒長期失眠。對癌症、愛滋也有療效。最顯著的療效是治療牙齒鬆、牙齦流血，牙也迅速變白。

Dr. Karach 用中醫的理論解釋其中原理：「舌頭上很多穴位，聯繫到腎、肺、肝、脾、心、膀胱、小腸、胃、大腸和脊椎，油拔法刺激了氣脈，所以起到治療的作用。」

好轉反應

醫生特別提到一點：「在身體恢復以前，原來的症狀有一段時間會有惡化的跡象，不要停止，這說明身體在恢復中。」這叫好轉反應，基本上，所有通過自然療法恢復健康的過程中，都有好轉反應。

醫生補充說：「有的人身上同時有幾種疾病，治療初期會明顯惡化，這是因為病灶正被衝擊，導致次病源一個接一個冒出來，甚至會發燒。這時，病人要堅定不移繼續用油拔法。」總的來説，必須理智鎮定，油拔法只是在嘴裏含油漱口，緊張甚麼？在有好轉反應時，可以增加到一天兩次到三次，也可以停止幾天，等身體舒緩後繼續操作，這都取決於身體反應和嚴重程度。

並不是所有病都會有好轉反應。在病有好轉的時候，徵求醫生的同意，減少或者停止服西藥。

油拔法加強版

遠在澳洲的Judy，她的經驗是：在懷孕後期驗出有妊娠糖尿，拒絕打胰島素和吃藥，堅持散步運動，盡可能用小米、麥片、藜麥代替澱粉質，停吃甜品，加上用油拔法，成功控制了血糖。

Judy在油拔法的基礎上又加上了我推介的養生法，效果更好了，步驟如下：

一、早起，先練蘇東坡的吐納按摩養生法。

二、做油拔法，做之前先攪動舌頭，很奇怪，以前口水不多，所以較難把油漱口漱到稀薄的狀態，攪舌後便容易多了。

三、二十分鐘後，吐出油，用淡鹽水漱口，然後像平常一樣用牙膏刷牙，最好用不含氟(fluoride)的牙膏。

四、做完油拔法後要多喝水，一面喝一面用提肛吞水法更好。

五、吃十穀飯。

六、Judy：「如果想加強效果，每天可以做多一到兩次的油拔法，只要是吃完東西四小時後及喝完水一小時後，就可以做。比如我游泳後回家，如果剛好是吃完東西的四小時後及喝完水的一小時後，我就會多做一次油拔法。回想起來真的很快就見效，我做了三個多月油拔法，血糖真的穩定下來，精神也好很多。」

註

一、東坡養生法、攪舌法、提肛法請參閱第一百八十四至一百八十六頁。

二、十穀飯的製作可參閱第二十六頁的「雜糧飯」。

讀者的實戰分享

Shizugi：「患上重感冒，看中醫後兩三天就退燒，不過，左右耳都先後耳塞耳鳴，中醫說感冒清後一星期左右就自然無事，但我覺得一個星期後耳朵絕對不會通。這時候從報上看到嚴浩介紹油拔法，用後第一天的幾個小時後，兩邊耳朵開始有「啪、啪」聲音，幾個小時後，左耳通了，右耳耳鳴也好了，不過，右耳的耳塞還沒有好。第二天繼續油拔法，幾個鐘後右耳終於也通了。隨後第三、四、五、六日後，鼻水收乾、咳嗽停了，甚至，無意中連濕疹都好了。從第一天開始油拔法後，中西藥都停了。我要講講我的濕疹，近年出疹後一星期左右就會發燒，濕疹退了以後，留下的印痕久久不退，這次的濕疹是不知不覺退了，連印痕都沒有留下，所以，真的要歸功於油拔法。」

卓韻芝：「油拔法在我身上屢次產生神奇作用。我的第一支油是冷榨芝麻油，首天用後立即有感冒症狀，彷彿病前喉嚨不順的感覺，我以為油流到喉嚨，雖然明明沒把油吞下去，自己疑神疑鬼。人類真是奇怪的動物，吞下成藥時可以不理成分，含着一口油卻疑神疑鬼。首數天，喉頭不適的感覺沒消散，卻沒有病出來（沒鼻水、沒咳嗽、沒確實的喉病），到了第四天，吐了一口痰，忽然感到喉嚨清了！比以前還清。後來整瓶芝麻油用完，也沒有甚麼反應。朋友說並非一定每天有效果，卻需要持之以恆。建議用完一支油，試另一個品牌和種類的油。往後，我試過橄欖油、太陽花籽油、茶花籽油、亞麻籽油，它們各在我身上顯出不同作用，有些使牙齒白了，有些使我感到疲倦（但總是跟之前出現感冒狀的情況一樣，數天後一覺醒來，自動消失）。會否只是身體恰巧出現狀況而已？也可能，但反應往往在我試新油時出現的。

每一種油對各人產生的作用大不同，跟幾位油拔的朋友聊起，她們對油拔各有反應，有些甚至吐血絲或經期順暢了，他們沒一位的反應跟我完全相同。

說起油拔，許多人的反應是「你叫我怎樣每早找二十分鐘出來？」事實上，如果連每早二十分鐘也不能留給自己，也許我們是對自己不夠好吧。

嚴浩按。

一、油拔後吐血絲是有牙周病，應該繼續。

二、我在做油拔法的時候，會利用每天的二十分鐘看書，這樣把平時沒有時間看的書一本接一本看完了。

油拔法穩定經期

從過往與讀者的互動中我了解到，油拔法除了改善整體健康，對改善女性經期更特別見效，但以下的來信比較複雜。

阿娜：「我叫阿娜，三十二歲，已油拔了大概一個月零二周，前兩周用有機冷壓葵花籽油，第三周用芝麻油，感覺到身體中有時會涼涼地到處游走，有時右手、右頸、右腰，全部都是身體的右邊。」

答：估計阿娜的右邊神經有問題，右眼受影響最大，油拔法把她的問題翻了出來。她的信很長，先講油拔法對她的影響。

阿娜：「（油拔法後幾個星期）很意外的，我平時常常便秘，現在每天都有大便了！而且是多的。我手指甲之前很黃，現在白了些，不過依然十隻手指都有很多很多直紋。之前我半夜要起床兩至三次去小便，現在減到一次，甚至沒有。我之前月經非常不穩定，經常很久都沒來，油拔後準時了（雖然量依然很少）。我留意到油拔對我有好轉變，但對我右眼好像沒有太大幫助。之前吐了血，令我現在覺得很沮喪。」

阿娜的來信說，在一次油拔法後她竟然吐血，到底怎麼回事？

阿娜：「當晚是連續做油拔法的第二十九天，做完後用鹽水漱口。平時我會用一杯鹽水漱完口，接着再用自來水和海鹽牙膏刷牙，昨晚因為懶的關係，我用鹽水加海鹽牙膏刷牙，當我重複用鹽水漱了幾下喉嚨（有咕咕聲），突然喉嚨有一股氣向上衝，我把水吐掉，發現水裏有一塊像痰的棕／粉紅色，也聞到喉嚨有血腥味，好像受傷了，但不算很痛，聲音有點沙啞，無法大聲，隔一小時後好些。第二天我去看醫生，醫生檢查過後說喉嚨沒事。我停了一天油拔後再繼續，到今天早上（十七日），我用芝麻油油拔完再用清水漱口時，再次有些像痰的東西，但沒有之前的強烈感覺，吐了少許黃痰的東西。請問我第一次出血／吐血是油拔的反應嗎？還是鹽水太濃以致太刺激？」

大家看到這裏，可以猜到阿娜為甚麼會「吐血」嗎？油拔法是不可能傷到身體的，她又問「還是鹽水太濃以致刺激？」原來她是用濃鹽水漱口和漱喉嚨，還要加上海鹽牙膏。

不可以用濃鹽水，用濃鹽水醃豬肉都會讓肉中的水分流失，所以用濃鹽水漱口會令牙肉收縮，漱喉嚨則會令喉嚨的表面柔細微血管受傷，「吐血後這陣子我的氣管有時會刺刺癢癢的」，明顯是受傷了。不再刺激傷口很容易自癒。漱口一定要用淡鹽水，以市面速食店食物的鹽為最鹹，不可以超過。有的讀者油拔法後有血，那是本身有牙周炎，最好用椰子油做油拔法，椰子油有消炎作用。

西藥引起的嚴重副作用

阿娜：「看了腦神經科，照了腦MRI，沒有問題。驗血報告有一項叫乾燥綜合症，有weak positive。醫生再轉介我去看內風濕科，除了自體免疫疾病的乾燥綜合症外便沒有問題。這個病假若嚴重會影響內臟，幸好我沒有，口水分泌也很好。我開始吃西藥（調節免疫系統的藥，不是類固醇），吃了一個月，眼有一點舒服，但多反覆，且副作用很大，我掉髮很多，頭髮又枯又乾。早上眼屎多到打不開眼睛，原本有便秘，吃藥後更嚴重，醫生說這藥要吃一兩年。在這時候我開始看你所有的書，發覺錯過了很多健康有益的食物，所以我吃了兩個月便自己停了西藥……」

嚴浩按。

醫生確診是免疫系統問題，但其實沒有西藥可以改善免疫系統的健康，免疫系統只可能通過自然方法改善。建議看中醫、自然療法醫師，或到「食療主義」做一個生物共振測試，爲自己度身定做一套改善健康的飲食。

Budwig Diet

布緯食療

布緯食療有病治病，無病養生，是這一套天然療法的骨幹食療，至為重要。

德國的布緯博士 Dr. Johanna Budwig (30 September 1908 — 19 May 2003) 發明布緯食療，經過她本人超過半個世紀的實戰以及後人的經驗，證實可以改善癌症以及多種慢性病，包括關節炎、哮喘、纖維肌痛、糖尿病、血壓、多發性硬化症、心臟病、皮膚病等，其中除了我們讀者的實戰例子外，英文網上都有很多見證。布緯食療的功能是讓身體攝取足夠的奧米加 3 脂肪酸，使到細胞增加帶氧量，促進正常的新陳代謝。有病的身體肝膽都衰弱，有時不能消化油分，但當油結合了指定的芝士，本來脂溶性的奧米加 3 脂肪酸就變成水溶性，不需要肝臟處理都能吸收。

布緯食療的國際支援網站連結

https://groups.yahoo.com/neo/groups/FlaxSeedOil2/info

重要提示

吃布緯食療之前二十分鐘喝酸椰菜汁，可幫助有消化奶製品困難的人士。最好服用布緯食療之前的二十分鐘飲用，尤其適合難於消化奶製品的症狀，包括肚脹、瀉肚子。

酸椰菜汁

材料

椰菜一個（約五百克）、鹽兩茶匙（約十克）＊＊鹽與椰菜的重量比例是一比五十

做法

椰菜切幼絲，灑上兩茶匙鹽，撈勻，放入密封瓶內，把菜裝到七成滿，壓實；最後在菜面再稍微撒一點點鹽。

在室溫下保存，讓它慢慢發酵，約七天就有酸椰菜汁了。期間每天用乾淨筷子翻轉一下椰菜絲，把表面的椰菜絲壓倒下面，以確保所有椰菜絲都充分發酵。

註

醃製酸椰菜汁、泡菜或釀酒可以用專門的發酵用瓶子，因瓶蓋上有讓空氣單向流動的出氣口（參閱第二十九頁自製四川泡菜的插圖），可以將發酵時產生的氣體排出。如果是普通玻璃瓶，需要每天都打開透氣，否則氣體會令玻璃瓶破裂。

炮製這個酸椰菜汁的過程，因要每天攪拌椰菜絲，已經可以達到透氣的目的了。

布緯食療的做法

最早的布緯食療食材是冷榨亞麻籽油加一種叫Quark的歐洲芝士（又叫鮮芝士），這種指定的芝士成分中有一種硫化物，但美國沒有Quark，而美國的茅屋芝士(cottage cheese)含有相同的硫化物成分，因此兩種都可以。兩者分別在味道，茅屋芝士的味道重，歐洲鮮芝士比較容易入口，這樣就相對容易堅持長期服用。

使用茅屋芝士的標準份量

成人一次用的份量

四湯匙有機低脂茅屋芝士加兩湯匙亞麻籽油，這樣是每一次的份量，每天服用兩次。或根據病情的嚴重性，有針對性地服用。

使用歐洲鮮芝士的標準份量

成人一次用的份量

五到六湯匙有機歐洲鮮芝士加兩湯匙亞麻籽油，這樣是每一次的份量，每天服用兩次。或根據病情的嚴重性，有針對性地服用。

先把茅屋芝士或歐洲鮮芝士和亞麻籽油用匙羹攪拌一下，以防在使用電動手持攪拌棒的時候油濺出來，然後再使用電動手持攪拌棒，把兩種食材結結實實地攪拌在

一起，這個過程大約一分鐘。將油和芝士混合在一體之後，才成為一個有治療作用的重要食療，這個步驟不可以輕視，不可以把兩種食材分開吃。這個步驟不正確完成，沒有任何療效。

攪拌完成後，將一湯匙亞麻籽放在攪拌器中打成粉，加入食療中，在十五分鐘以內服用，以完成整個食療。亞麻籽變成粉之後超過十五分鐘會氧化，失去治療效果，所以千萬不要買現成的亞麻籽粉。

飲食必須要配合

首先是喝夠水，不要等口乾才喝，約每小時喝一小杯；忌煎炸、燒烤、刺激食物；要戒煙，少酒；多菜少紅肉類，癌症患者不可以吃肉，但新鮮魚類、還有海參都含奧米加3脂肪酸，可以吃。沒有鱗的魚，譬如鰻魚，不可以吃。

均衡攝入脂肪酸很重要，平時的膳食如果長期多紅肉、多加工食物而缺乏奧米加3，或者用精煉油做烹飪以致長期進食反式脂肪，就出現因脂肪酸不平衡而產生的各種炎症，其中濕疹、牛皮癬、玫瑰痤瘡等等皮膚病是一種，癌症是最嚴重的一種。太多白糖做的甜品也會使到體內酸化，糖養真菌、黴菌，令腸道菌叢不平衡，致使身體發炎。

即使平日飲食健康，但若偏愛白糖做的甜品、汽水、飲品等，一樣使得體內炎症。白糖做的甜品造成的傷害往往不引起大家重視。

服用布緯食療後，如果配合食物和調整生活作息時間，很多本來極其難治的慢性病症狀都會逐漸消失。但如果每次症狀消失，就回到過去不健康的飲食與生活作息習慣，問題就不能從根本解決，而且隨年齡增加，身體需要更長的時間修復。

布緯食療如果吃法正確，可以經常吃，有病治病，無病養生。希望大家用布緯食療為健康錦上添花，而不是每次都雪中送炭。

服用布緯食療後胖了？

布緯食療都是早上吃的，如果是重病，當然就變成早、午和傍晚（六點前）三次。

如果在晚上吃、深夜吃，是有機會增加體重的。布緯食療是優質脂肪，但它仍是脂肪，所以服用布緯食療的同時，即使不是癌症病人，也建議不吃肉、少吃肉，特別是晚上。

只服用亞麻籽油

如果不是重病，可以試試只服用亞麻籽油，在飯後直接吃，或者混在沙律、水果、果汁中吃。大人一到兩湯匙，兒童減半，幼兒再減半。

讀者 V.L. 的孩子有濕疹，也有鼻敏感，通常有濕疹的孩子都會有鼻敏感，如果不理，有可能發展到哮喘。V.L. 在大概一年前已開始給孩子兩湯匙冷榨亞麻籽油混在麥片當早餐，吃到現在：「在服用初期，出疹的情況真的嚴重了，但是又沒有以前出疹的範圍大，只是很多小粒的疹堆在一齊出，不用吃藥，過兩三個小時就自然散退，以前是必須要吃敏感藥才會退的，還會嚴重到手指關節和嘴唇都腫起來，很癢的；現在已經算是好了，只是偶然才會出一兩粒疹，大概好像平常給蚊子咬那麼大，過一會就散退。」

是否對亞麻籽敏感

有人可能對亞麻籽敏感，有一個測試的方法：把幾滴冷榨亞麻籽油塗在皮膚上，幾個小時以後，如果有敏感反應，那就是不適合服用亞麻籽或者亞麻籽油了。

嚴浩按。

布緯食療的做法一點也不複雜，但過程不可以錯，要嚴格注意細節，這樣食療才能發揮作用。

布緯食療對濕疹、牛皮癬的神奇療效

感謝為大家分享健康經驗的天使

神奇的布緯食療在香港登陸的幾年間創造了不少奇跡（請參考我的養生書集），第一個要謝的當然是布緯博士她老人家，我們也非常感謝一位讀者Kukuku小姐，是她第一個把布緯食療帶到我們的生活中。

讀者的實戰經驗

Kukuku：「我患濕疹已逾三十年，主要在掌心、指背、後頸及耳朵。今年停了中藥，全心全意的用布緯食療，每日兩次，素食、無糖（蜂蜜可以）、粗糧（80%）、菜汁等，停用所有精煉煮食油。間中用有機椰子油代替煮食油，適當曬太陽，停用太陽油等有害物質，跟足布緯食療90%。大約兩星期後發覺濕疹比平時『平靜』，好像沒有再向外擴散。服用了四個月後，耳朵邊、後頸的濕疹好了九成，掌心、指背好了八成，離完全復原還有一段路，已經夠我開心了。」

Ms Lai的來信：「自從我看到嚴先生介紹布緯食療以後，我開始每天服用。自成年以後，三十年來我都被濕疹困擾，三年前變成完全失控，全身百分之九十都被濕疹覆蓋，我試過一切的辦法：類固醇、抗生素、中醫中藥等等，後來我領悟到，這種病是和情緒有關。解開心結後，濕疹開始好轉。回到布緯食療，我吃了這個食療一星期以後，濕疹已經平復，十天以後，濕疹已經受控制，雖然還沒有完全復原，但在天氣轉變的時候，濕疹也沒有像往常一樣惡化，我相信我的暗瘡都是由情緒引發的。我的性格是容易緊張、完美主義者，經常將心事藏在心裏。開始布緯療法已有一星期，雖然仍有少量暗瘡，但明顯改善很多，好開心呢！」

Maggie來信：「妹妹自任職護士後，因工作壓力大，休息不定時，過去十年備受濕疹困擾，期間不斷戒口，食中、西藥及塗藥膏。但藥膏內含有類固醇成份，對身體不好，又治標不治本，情況越趨嚴重，身上手腳所有的關節位均紅腫了一大片，甚至上至頸部，全身可謂『無忽好肉』（沒有一塊好肉），懊惱非常。幸從嚴先生的專欄讀得布緯食療，食用短短兩個月（三至四月），紅腫不但消退，皮膚更是前所未有的嫩滑，真是奇蹟！遂向身邊親友介紹，期間又治好了三歲及十七歲親友的濕疹。萬分感激！同時希望告訴大家，要明白食療期間病情偶有反覆，此乃正常，務必繼續。」

嚴浩按。

來自工作、性格、情緒方面的壓力，是導致皮膚病的一大因素。在服用布緯食療的同時，最好用礦物粉泡浴加快改善過程，也要用「膚安霜」止癢，「膚安霜」是特別爲濕疹患者人工手製的全天然皮膚膏。如果自我評估壓力大，建議也服用一種叫「印度人參」的營養補充品，配合布緯食療。

「印度人參」不是人參，是一種漿果，屬於印度古方的其中一種，有效調節壓力荷爾蒙，改善心律不齊的心亂跳、情緒不穩好發脾氣、情緒容易波動、壓力引起的呼吸困難、心悶、失眠等。每天服用四粒，每次一粒，最好不要空肚服用。按照網上資料，「印度人參」很安全，沒有副作用，但孕婦不宜。西方醫生和心理醫生也認爲「印度人參」對以下的癥狀有改善效果：菸癮、酒癮、其他藥物上癮、焦慮癥候群、抑鬱癥、精神分裂、失眠、惡夢、震顫恐懼、躁鬱癥、（因酒精中毒引起的）震顫性譫妄。

W媽媽的實證分享兒童濕疹、牛皮癬

住在法國的W媽媽用我介紹的方法，把孩子的濕疹/牛皮癬治好的全部過程，不用任何藥物，過程只有四個月。

這個從出生開始就被牛皮癬和無效治療折磨了九年的孩子，在沒有使用一點藥物的情況下皮膚逐漸改善，從主流醫學的角度是不可能的，但這個方法在我們讀者的實戰經驗中一次又一次被重複證實（請參考我的養生書集）。食療未必可以治好每一個人，但可以在很大的程度上填補當今醫藥的空白，希望社會正視。

W媽媽在西藥無效的時候，權衡利害當機立斷，為孩子選擇了已經有成功先例的食療，並且在過程中每天用照片記錄比較。我發現用食療成功的案例中有一個共同特點：主動！主動找書，主動上網瞭解健康知識，主動留意身體的情況。習慣了把健康百分之百交給醫生的人，在心理上已經不適合使用食療。

「我仔仔現在九歲，我們在法國定居，孩子從嬰兒開始醫生已經診斷他有濕疹，要搽cortison（類固醇），但一直惡化。直至七歲要轉介兒童醫院專科，後證實是牛皮癬，但已經蔓延至全身：頭皮、臉、身、指甲、兩手踭（手肘）、兩腳，the fesse（這是個法文字，屁股的意思），同他的小 jer jer（和他的小雞雞）。

從小已搽類固醇，至後期要搽專給大人外搽的牛皮癬藥膏。去年因病情太嚴重，醫生說要食藥，我說要考慮，因不想他才那麼小就開始吃藥。我由十一月開始給他每早一次布緯食療，現在四月，已經全好。真的謝謝你的分享，我因為看了你的書再在網上查資料，再次感謝。現附上照片是左右腳服食布緯前後的對照片和他的指甲。」

因小兒只得九歲，所以我將食療減半。

一、茅屋芝士，我每早用一半份量，大概二湯匙（如果是歐洲鮮芝士，便用三至三湯匙半。當芝士太少的時候，電動攪拌棒可能無法工作。）

二、有機亞麻籽油一湯匙（換了歐洲鮮芝士也毋須改變油的分量）。

三、亞麻籽一茶匙磨粉，一定要打磨至粉狀，我最初買最平宜的磨咖啡豆機，但不好用。建議要買貴一點，性能好一點和耐用一點的攪拌機，磨出來的粉會幼細很多。

四、最後加入有機蜂膠蜂蜜大概一茶匙，我查看過網頁，蜂膠對傷口有好處，但要用有機蜂蜜加蜂膠。

五、最後加數粒葡萄乾。

這就是小兒每天的早餐，空肚第一餐吃，每日一次。食後給他一條香蕉加一個奇異果，他便上學。

註：W 媽媽提供的濕疹照片可在我的臉書：嚴浩生活 Yim Ho Life 找到。

嚴浩按。

一、這裏有需要再提醒，在亞麻籽磨成粉以後的十五分鐘內要加入已經完成的布緯食療服食，超過十五分鐘，亞麻籽粉會氧化而影響效果。

二、單純蜂蜜也可以。市面上這類食品良莠不齊，一定要用有品質保證的產品。

三、葡萄乾有治濕疹的功效，請參考第八十四頁。

W媽媽：「注意事項之一，要有恆心，一定一定要有恆心！最初可能不見成效，過了一些時間，成效即見。例如，他的手肘和腳的情況很差，服食了數月進展都很慢，但待到其他相對不嚴重的部位逐漸好了以後，其他部份也立即好起來。不要灰心，要繼續！

最初沒有很快的效果可看到，但我每日會用手輕輕觸摸他的皮膚，其實他的皮膚一直都有微微溫熱，我的直覺是有炎症，但服食了布緯食療後四日，他的皮膚是涼的。我叫我丈夫觸摸他的皮膚，他也有同感……」。

嚴浩按。

皮膚病很多時就是免疫系統失去平衡，錯誤攻擊健康的皮膚細胞，手段就是發炎。布緯食療中的奧米加3脂肪酸就是重新平衡免疫系統、改善發炎的高手。W媽媽發現到這些細節，說明她很謹慎，而且充滿探索發現精神，這些都是實行食療時需要經常懷有的態度。

「一個月之後，我想起小時候祖母用熱水煲奶樽，不小心被滾水燙傷住院，她有糖尿病，每天在醫院要用鹽水浸腳。我突然醒起可以用消毒生理鹽水洗小兒身上所有的傷口，乾了再搽潤膚液。」

嚴浩按。

後來W媽媽用生理鹽水爲孩子泡洗，生理鹽水是弱鹼性，用鹼性水泡洗法對改善皮膚病有效，礦物泡浴就是鹼性，用礦物泡浴法治療牛皮癬和濕疹的案例在外國網站上也有分享，甚至有人專門跑到死海去泡浴，利用死海水中含有的鹼性礦物改善皮膚病。「食療主義」的天然鹼性礦物沐浴粉就有這個功能，還可以使用它泡澡、泡腳以防流感。我曾經在這個泡洗的過程中也意外地治理了香港腳，都是多得這些可以幫助排毒、減低體內酸性的礦物粉。有關香港腳請參考另外章節。

W媽媽的努力逐漸開始見效

W媽媽：「這樣他由十一月初至現在四月尾，身上多處潰爛地方慢慢好起來！不是同一時間全好，因為他的頭皮、臉部多處、兩肩膊、背上、前身，以及最嚴重的兩手肘、屁股和左右小腿都非常嚴重，還有指甲。最初是不太嚴重的地方痊癒，大約三個月後，只剩下手肘和小腿，但都已好了七成！」

怎麼指甲會被牛皮癬感染？W媽媽這次從上帝的藥櫥中會找到甚麼藥？

W媽媽：「事緣他在學校玩，手指碰在牆上，最初我不以為意，之後帶他看兒科，醫生說是灰甲，搽藥不好，還嚴重了。皮膚專科說是牛皮癬感染，他給的藥搽了之後，在指甲四周的肉又紅又腫，醫生叫停藥，要轉介去兒科醫院。在那裏的醫生又給藥，但不好，轉接換了數次藥，時間已過了一年，都不好，皮膚又紅又腫。最後醫生給了一些治牛皮癬指甲保護水，他說等他慢慢好，但不知要等多長時間。指甲像灰甲，很厚，很難剪下來。問題來了，他全身有牛皮癬，有很強烈的自卑感，不敢穿著短袖衫，他學習低音大提琴，但第四和尾指都有灰指甲問題，他時常隱藏兩指，對彈琴有影響。我最後上網看，發現茶樹精油（不是烹飪用的茶花油）對牛皮癬有幫助，我又試了！我用茶樹精油搽在他肩膀上，但搽了後皮膚有不良反應，我不敢用，停了（不可以用在皮膚上）。但對灰指甲很快見效，由最初凹凸不平至指甲平滑都是一個月左右。他指甲感染是二零一四年六月，情況越來越差，在二零一五年十一月他開始吃布緯食療，同時在灰指甲上塗茶樹精油，至二零一六年二月只有短短四個月，他的指甲已全好！由凹凸不平至平滑，然後慢慢長出新指甲，我便慢慢剪去長出的壞指甲，大概三至四個月已全好。你可從我發給你的照片看到。在兒科醫院覆診，醫生說『奇蹟一樣快好起來』，他甚至說會介紹給他的病人用。」

W媽媽用茶樹精油把孩子的灰指甲治好了，但要注意，在這個過程中，孩子也同時服食布緯食療。（治療灰指甲詳細文章見另外章節）

W媽媽：「我發現無味無肥皂的BB沖涼和洗頭液是最好的。之前用過焦油肥皂和很貴的純植物提煉的肥皂，覺得不及嬰兒無味肥皂好用，平，靚，正！潤膚液，我用過不下數十種產品，沒有很大效果。」

我還請教 W 媽媽怎樣安排濕疹孩子的飲食。

W 媽媽：「我們在法國經常吃煎、炸、焗的東西，麵包是每餐不可或缺，雞蛋餅或 pizza 也是常常吃的。由很多年開始，我已發覺我的小孩每吃完 pizza 後的第二天，他的手肘便會很紅很腫，我不明白為甚麼，只可猜說 pizza 店可能混合一些材料而致他敏感，後來我轉了很多 pizza 店，但問題並沒解決。我在網上發現他可能不可以吃番茄。但番茄，我們是天天吃，餐餐吃，番茄在沙律、菜湯、pizza、三文治等等中都有，待我明白濕疹孩子有食物過敏的問題之後，我將番茄在他的餐單上剔除，他的皮膚真的沒有惡化。明白濕疹孩子有食物過敏的問題之後，我帶他驗血做食物敏感測試，可測試多達二百多種食物，證明他對含麥麩、奶類、蛋、米、番茄等食物敏感。」

嚴浩按。

我曾經介紹過一款「食療主義」的芳香療師 Christina Paul 研製的「膚安霜」，含高量天然蠟菊精油和金盞花霜，與讀者互動超過一年，證實平息濕疹的癢和保濕效果都良好。W 媽媽推介了一種潤膚液 Glycerol /vaseline/paraffine，Mylan，供大家參考。

嚴浩按。

這個孩子對乳類敏感，但與亞麻籽油混合後的布緯食療就不會敏感，說明兩種食材混合後已經改變了原來食材的成份。但每一個人的體質不一樣，有可能對食物的敏感程度也不一樣，特別是重病人，他們的消化能力更差。布緯博士的標準食療方法，是服用布緯食療前二十分鐘服用酸椰菜汁，增加幫助消化乳類的乳酸菌。麥麩即來自小麥的麩質。麵包、糕點、麵條、義大利麵、pizza、包裹炸雞的麵粉，甚至一半醬油都含有麩質，請看一下瓶子後面的說明。其他穀物也含微量麩質，但一般只有來自小麥的麩質才造成敏感或者不耐受反應。

W 媽媽：「我將報告給兒科醫院皮膚專科醫生看，但他不屑一看，只說沒有證據證實食物對牛皮癬有影響。但我看過很多報導含麥麩食物真的有影響。我也問我的朋友，他丈夫也是忌吃含麥麩食物。她說戒吃麥麩食物後對他丈夫有很大幫助，如一不小心吃到含麥麩食物，他的反應會很嚴重。」

嚴浩按。

基本上，西醫不願意相信書本以外的所有療法，也不相信日新月異的健康知識和西藥以外的所有療法。

W媽媽：「我自己衡量後，決定在家盡量不給他吃含麥麩食物，外出或在校內我就管不了。這樣他可適應各種食物。我的小孩是讀全日制的學校，我並沒有提出飯堂要給他供應特別食物，他自己也不想與眾不同。他還小，如對他說這不准吃，那也不准吃，我真的覺得很不人道！特別是他看見其他小朋友吃的為甚麼會跟自己不一樣，這也是壓力一種。」

嚴浩按。

在這個空白上，有一樣重要的營養補充品可以舒緩食物帶來的腸道刺激——益生菌！詳細資料見另章節。

W媽媽：「我也買了麵包機在家自製不含麥麩的麵包。我對他說自製麵包又香又熱又新鮮！這樣他也不要求要吃法式長包了，但我也是個好媽媽，我也會偶而買給他吃的！他不喝汽水，不太喜歡糖果，只愛吃巧克力！」

嚴浩按。

濕疹患者忌吃白糖和白糖做的甜品，如果吃也一定要少量，能不吃最安全。

「總括而言，我的小孩早餐食布緯食療、香蕉、奇異果；午餐在校內跟正常小朋友吃的一樣；小吃，一個蘋果、二片蕎麥粉做的、不含麥麩的餅乾、少量巧克力；晚餐食菜湯，我盡量放五種不同的蔬菜，然後用攪拌機打混，我現在已不放馬鈴薯和番茄了。

在家已戒吃牛肉和羊肉；每星期吃兩次三文魚，星期四吃其他魚類，他星期五在學校有魚吃。一星期吃一餐飯，米混合糙米和藜麥。飯後一杯豆乳酪。

星期六我們會出外用餐，一般會讓他隨便吃，他愛吃甚麼也可以，例如番茄醬和蛋黃醬，我覺得一星期一次也不算太過分，這個年齡要絕對戒口是很慘的一件事！星期天是食青菜沙律，沙律醬是一湯匙蘋果醋、三湯匙亞麻籽油、半湯匙不含麥麩的減鹽醬油和一點蜂蜜，還有牛油果等等。肉類的份量不是太多，每餐每人大概一片豬扒的份量。我主要的食物也是蔬菜！飯後吃黃豆製的豆乳酪。奶類都全轉用黃豆製的豆乳製品。

我曾經讀到過有濕疹青年跳樓自殺，他媽媽正在煲中藥給他服用！我真的很感同身受，我自己也和小兒的牛皮癬鬥爭了八至九年之長，以前我一想起他大了皮膚也不好要怎辦便很傷心！現在找到好辦法，真的很多謝嚴浩先生。我也曾用中文、英文和法文查看所有有關牛皮癬資料，到最後成功，希望有緣人能看到，幫到大家！Cecilia。」

註：豆乳酪（Soy yoghurt），在外國頗為流行，差不多甚麼乳製品都有黃豆做的替代品。

一念之差，天堂與地獄

在布緯食療的基礎上，絕對不放鬆監察任何放進嘴裏的食物。食物可以治病，食物也可以致病，當父母意識到飲食就是藥，孩子就一天比一天健康了。

嬰幼兒回復嫩滑肌膚

讀者「無助的家長」通過電郵來信，家中的四個月大嬰兒患上濕疹，感到非常無助，不知道怎樣才可以斷尾。看見他非常癢，整天抓臉，小臉上有明顯的皮炎，覺得好心痛。以下是和無助的家長的對話：

筆者問：「小孩大便是否正常？有沒有服用過抗生素？」

家長回覆：「大便正常，沒有服用抗生素。」

濕疹與腸道健康有直接關係，通過大便可以瞭解腸道情況，如果曾經服用抗生素便會破壞腸道的健康。沒有以上這兩個情況嗎？我收到回信後有點懷疑，是不是家長沒有注意到這些細節？但這位家長很細心，她回信以後想了一想，然後又再傳來一封信。

家長：「更正，大便正常，每日三至五條。十一月我乳腺炎時曾服用抗生素，以退燒止痛，大概有點關係（通過哺乳）。」

這樣就對了，母乳中有抗生素，所以影響了孩子，符合BB形成濕疹的原因。我想建議BB用「食療主義」專治濕疹的外用「膚安霜」，以及歐洲產品益生菌和蒜頭水，但在回信前，為了確認適合嬰兒，我再特意請教發明「膚安霜」的同事、精油專家Christina Paul，以及更熟悉瞭解這兩種歐洲產品的同事，答案都是安全的。

筆者：「建議你外用『膚安霜』，對BB皮膚安全，治濕疹。用蒜頭水，從一天四分一茶匙開始，混合在水中。同時服用益生菌，為了補救抗生素造成的損害，請向食療主義的店員要C字頭的益生菌，用四分之一粒，用匙羹壓成粉，混在奶或者水中。先開始，開始後請聯繫。」

那位家長去食療主義買有關產品，發現膚安霜賣光了。

家長：「蒜頭水是抹面用的嗎？頭頂有硬頭皮，也可以用蒜頭水嗎？」

筆者：「蒜頭水是服用的。膚安霜沒有貨，可以暫時用椰子油加甜杏仁油在皮膚上按摩。」

很多剛出生的 BB 頭皮上有硬皮，用椰子油加甜杏仁油按摩在頭皮上，對去除 BB 頭頂的硬皮有幫助。

兩天後家長再來信問：「你好，一月五日晚上開始搽椰子油。蒜頭水同 C 字頭益生菌今天開始食。」

到了一月十三日，家長又來信，效果很好，以後經常服用益生菌，皮膚的情況應該會不斷改善。

家長：「關於嬰兒的皮膚問題，搽第三次膚安霜已經好好多了，蒜頭水同益生菌會繼續嘗試讓 BB 吃，希望不再反覆，感謝。」

筆者：「想跟進一下，信中說，搽第三次膚安霜已經好好多了，是三天中還是一天中？一天搽幾次？幾天有好轉？二、蒜頭水和益生菌是服用我建議的份量嗎？一天服用多少？」

家長：「搽第三次膚安霜已經好，是一天搽兩至三次，第一天已有好轉。蒜頭水和益生菌都是四分一茶匙，一日一次，但 BB 不喜歡蒜頭水的味道，全吐出來。如果我服用，餵人奶給 BB 吃可以嗎？」

筆者：「可以，大人的蒜頭水份量，是每天早上空腹服用一到兩瓶蓋，加在半杯溫水中服用。孩子吃了益生菌對大便有幫助嗎？」

家長：「有幫助，大便多了。」

筆者：「效果很好，以後經常服用益生菌，皮膚的情況應該會不斷改善。」

家長：「謝謝你。頭皮上的硬皮逐漸減少，但皮膚的情況反覆，始終是埋身食人奶，受汗水同奶的影響（因為貼身吃人奶的關係，受汗水和人奶的影響），但搽膚安霜後，情況好轉了。」

嚴浩按。

嬰兒頭皮上的硬皮逐漸改善，是椰子油加甜杏仁油發揮了效果。膚安霜改善濕疹，效果良好，我從幾年前開始分享治濕疹的自然方法時，已在找一種有效的皮膚霜，現在「食療主義」的天然療法專家自己調製這種好產品，我老懷安慰。

引起嬰幼兒濕疹的食物

嬰兒濕疹俗稱「奶癬」，與遺傳有關係，如果父母也有濕疹病史，或對某種食物及環境過敏，要避免讓寶寶接觸引起父母過敏的物質。

牛奶及配方奶粉極易引起過敏，停止喝牛奶，試着改用其他牌子配方奶粉，有可能減輕濕疹。牛奶要多煮一會兒，還可以在奶中加三分之一的糙米米湯。

雞蛋、魚、蝦、蟹、巧克力、番茄等都可能引起過敏，哺乳的媽媽最好別吃。羊毛、人造纖維、花粉、汗液、尿液、空氣乾燥都可能引發濕疹，患有濕疹的寶寶要遠離以上環境因素。

以下是三位讀者的來信分享，我們先看看邵太的來信。

邵太：「小兒到本月十二日剛滿一歲，自出生以來為了濕疹看過無數著名中西醫，花費過萬，西醫只教保濕及用類固醇，中醫就一味排毒。小兒自小腸胃差，出生十日曾因瀉肚子太厲害要入醫院吊鹽水，即使吃了九個月人奶仍然不好。七、八個月大時，便便仍是水及泥狀而且非常臭（一般嬰兒四、五個月便便已成形）。中藥令他一日屙四、五次。後來有一位中醫教授認為小兒是脾虛，病徵是便便爛、多流口水、舌苔白，令皮膚出疹。

小兒九個月開始，我就設計以下粥/飯給小兒，主要針對其脾胃及肚瀉問題，曾以此餐單問教授的意見，她說可以。

星期一：紅蘿蔔＋粟米＋馬蹄＋淮山
星期二：熟薏米＋番薯/薯仔＋淮山
星期三：三文魚＋番茄（一些朋友的 BB 吃番茄會敏感）
星期四：淮山＋芡實＋百合（後來加入太子參，但此材料未問教授）
星期五：蘋果＋陳皮＋南北杏＋淮山
星期六及日：扁豆＋赤小豆＋綠豆＋淮山

以上餐單的注意事項：

一、淮山不論乾或新鮮均可，我自己選用鮮品，因怕硫磺，鮮品要越幼越好，無激素。教授說淮山可每天食用。

二、教授建議用熟薏米較生薏米好。

三、教授說綠豆只可用少量，因對嬰兒太涼。

四、教授擔心三文魚致敏，但小兒已經對蛋過敏，所幸他食用三文魚至今沒有不良反應。

五、每日午餐加亞麻籽粉半茶匙，後因看嚴先生的專欄加至現時一茶匙。（用一湯匙會肚瀉）

六、益生菌可減退敏感，所以每天早晚各一次沖奶食用。

七、最近一星期開始，早餐奶前食用 OPC-3。

嚴浩按。

三文魚、亞麻籽都富含奧米茄 3，是治療濕疹的重要食療；益生菌平衡腸道內細菌，當腸道健康，就會改善大部分的皮膚病，淮山、薏米祛濕。這是一個好餐單！有一點要緊記，三文魚不可以煎，只可以蒸或烤。絕對不可以用微波爐，微波爐在任何時間都不可以用。

十穀米水

讀者 Larissa Chow 有個兩歲半的早產孩子，在打完兩個月預防針後，臉上開始出現濕疹，最嚴重時整張臉甚至耳朵都是濕疹。醫生有開類固醇藥膏，好不了多久又重發……後來用十穀米熬的粥水開奶粉後，濕疹範圍減少了一半。

十穀米有糙米、紅米、黑米、黑糯米、藜麥、小米、蓮子、芡實、薏米、鷹嘴豆、紅豆、黑豆、綠豆、各種扁豆等等，也可用糙米熬的粥水開奶粉，效果相若。

嚴浩按。

粗糧中含有豐富的維他命B雜，維他命B雜（維他命B群）對皮膚的健康非常重要。

以下介紹的絲瓜糊和菜糊仔宜患上濕疹的嬰兒食用。

絲瓜糊

材料

鮮絲瓜　　三十克

做法

新鮮絲瓜切成小塊，放入有水的鍋內煮熟後（水的份量也是淹沒過絲瓜即可，不需要太多水），下少許鹽讓小孩喝湯，並將絲瓜搗成泥（或者連湯帶絲瓜打成糊），同吃下去。

菜糊仔

材料

新鮮白菜適量、紅蘿蔔適量、椰菜適量

做法

新鮮白菜、紅蘿蔔、椰菜洗淨後切成小碎塊，放進鍋裏加水（水的份量大約是淹沒到食材的一半即可）煮約十五分鐘。取出搗成泥狀後服用（或用攪拌機攪拌成糊），可以加鹽或者加蜂蜜（不可以用白糖）。

註

椰菜又叫包心菜、蓮花白、捲心菜

其他有效的濕疹、牛皮癬治療法

想戰勝皮膚病，不論大人或小孩，不可以冷飲，可以吃蜂蜜，但要戒含有白糖的食品、飲品、汽水、用反式脂肪的垃圾食品；要找出引起敏感反應的食物，有些皮膚病患者連番茄也不能吃；還有諸如普通小麥粉做的各種麵包、麵條、披薩等，炸雞是用麵粉做包裹的。每天要喝足夠的水，這是其中一個最被人忽視的細節。要保證排便正常，大部分的皮膚病來自不健康的腸道。一天大便少過一次叫便秘、經常性拉肚子可能已經是腸激症，有以上兩種症狀的人很容易得皮膚病。當然精神壓力也是引起濕疹的其中一大因素。

治療濕疹、牛皮癬，將下列的方法按照自己的身體狀況與布緯食療同時進行，加強治療效果。但不要貪快，身體需要時間恢復，通常是四個月。好了以後要按照養生原則保護身體，儘量為身體創造不生病的環境與條件，如果有反覆，就重新開始，不要氣餒，人的身體好像天氣，不可能永遠天晴。但必須要問自己是甚麼原因引起健康有反覆，是壓力？還是食物？是睡眠作息時間？缺少運動？

讀者李舟三十七歲，患了濕疹，用我介紹的葡萄乾食療改善了。以下是他分享的方法。

一、到超市買提子乾一盒（又叫葡萄乾），以及無任何添加劑的凡士林一瓶

二、煲提子乾水，放至不燙，便飲下提子乾水，把提子乾吃掉。每日一杯。

三、完全不用肥皂及沐浴露洗澡，但仍會用洗髮露洗頭，並盡量避免流到身上。（如果頭皮上也有濕疹，洗髮露也不可用。）

四、洗澡時不可用太熱的水，覺得不冷便可以，如果怕冷便在浴室放暖爐。

五、洗澡後要「印」乾身體而非「抹或擦」乾。

六、之後在穿衣服前塗上凡士林，不要吝嗇，可塗厚一點。

七、要穿著棉質鬆身長衫長褲。

正如嚴先生所述，此方法開始時會感覺濕疹比之前嚴重，約一星期後發覺好轉，皮膚浮腫及通紅褪去，痕癢減少，之後大量脫皮及新皮膚開始形成，由開始至現在約四星期已差不多完全康復。

提子乾水

材料

提子乾三十粒、水約二百五十毫升至三百毫升

做法

煲中注入一杯水，加入提子乾，水滾後轉小火，再煲五分鐘關火，放至不燙，便飲下提子乾水，把提子乾吃掉。

治濕疹湯

材料

淮山、綠豆、百合　各三十克
薏米、芡實　各十五克
水　適量

做法

淮山、綠豆、百合、薏米、芡實加水適量煮至爛熟即可。

註

一、每日分兩次吃，連服數日，不可以加白糖與冰糖。
二、這湯清熱解毒，健脾除濕，主治脾虛濕盛型濕疹，症見皮損不紅，流水多，口淡。

淮山茶

材料

鮮淮山　一根

紅蘿蔔　一根

乾粟米鬚　一把

水（可以淹沒過食材的份量）

做法

鮮淮山、紅蘿蔔同去皮，切塊，放入煲內，注入水和加一把乾粟米鬚，煲約四十分鐘，平時當茶水喝；可以食用淮山和紅蘿蔔。

註

乾粟米鬚有祛濕、抗敏的作用，在中藥房有售。

綠豆蜂蜜飲

材料

綠豆五十克、蜂蜜約一茶匙、水一公升

做法

綠豆先浸泡一夜，倒掉浸泡的水，稍微清洗。

加水煮至綠豆爛熟即可（明火約一小時，如果用高壓煲，大約三十分鐘即可，因高壓煲烹飪不會散失太多水分，可以加入七百至八百毫升水即可），待湯溫熱的時候加蜂蜜。

註

一、每日分兩次吃，連服十五至二十天。這個湯還可以治咽喉腫痛、慢性腎炎及尿毒症。

二、除煲綠豆蜂蜜飲外，煲紅豆薏米粥也有相同功效：紅豆三湯匙、蓮子一湯匙、薏米二湯匙、鮮百合一個或乾百合二湯匙、水約一公升半（喜歡喝湯者可以多加水，喜歡口感粘稠者可以稍微減少水量）。將紅豆、蓮子、薏米用清水浸過夜，倒掉浸泡的水，用清水清洗一至兩次。乾百合用清水浸泡約三十分鐘變軟（新鮮百合洗乾淨即可，不需要浸泡）。將水煮滾，再放入食材，用中火保持食材處於略微翻騰的狀態，有需要時可不時攪拌，以免糊底。所有材料煮至爛熟（明火約一小時）便可食用。

這個食療也非常適合脾虛濕盛、肥胖、又煩躁失眠的人。在中醫看來，肥胖與水腫都是體內有排不去的濕，在南方，祛濕幾乎是一個全民需要解決的問題。

手上水泡的療法

手上水泡是手上的濕疹，又叫主婦手，可使用鹼性泡浴粉泡手。另外也可以用荊芥、防風、透骨草各三十克，水煎後加純米醋二百五十毫升泡洗。

註

鹼性泡浴粉在「食療主義」有售。

牛皮癬實戰錄

讀者蘇恩先生轉來一封網上流傳的郵件，信內的麥先生因工作壓力導致免疫力下降而患上俗稱牛皮癬的皮膚病（學名銀屑病）。起初只有左前額近髮線的位置有一紅點，後來蔓延到左右手的手肘，面積有一個一圓銀幣那樣大，看西醫後證實患上牛皮癬，並稱個人免疫力出現問題，不會傳染但不能根治。因病情不算嚴重，故此只配合含有類固醇的藥膏治療，很快便能痊癒，但很快又復發。

幾年前，再次受壓力的衝擊後，患處擴散到身體多處的部份，並日趨嚴重。看西醫後要吃三個月血癌藥，還要觀察肝臟指數有否上升。兩年內經歷三次這樣的療程，患處很快痊癒，但每次復發一次比一次嚴重（通常兩至三個月），而副作用會令人十分疲倦，嚴重時兩腳小腿有個半手掌大的患處及其他部位患處也開始擴大，皮膚呈現紅色還經常脱皮，那段時間不能穿短褲及短袖衫。半年前開始服用中藥，有改善但很緩慢。他感恩有位好朋友江先生，留意到本人介紹的黑靈芝黑豆湯，服用後效果奇佳。各位牛皮癬患者可作參考。

麥先生服黑靈芝黑豆湯兩星期後患處擴大，還有其他二十多個新患處發現，但脱皮現象改善。三至六星期內，兩腳小腿有個半手掌大的患處開始停止脱皮及由患處的中間部份開始痊癒，痊癒範圍由中間伸展直至到第六個星期只有留着一個圍着舊患處的大紅圈。新發現的患處亦沒有擴大並開始痊癒。到第八個星期，小腿患處只剩下數紅點，其他部份亦已痊癒。

麥先生在飲用過程中並未發現副作用，打算只飲用三個月便會停止，再過三個月才再次飲用。最後切記戒口：特別忌吃牛肉、蝦蟹、鴨、鵝、筍、咖啡、濃茶、刺激性食物、煙、酒等食物。

加強版

讀者T分享，在服用這個湯水的時候，還可以有加強版。

不用洗頭水洗頭，只用粗鹽按摩頭皮及患處，忍痛一會，然後用微溫的水沖淨。隔幾天就用初榨橄欖油按摩頭皮及頭髮，用毛巾焗一會，然後用微溫的水沖淨。每天飲黑靈芝黑豆湯兩次，在第二次之後，加很多水將渣再翻煲一次，用這些水洗頭，又用靈芝（煲完之後很軟，不會傷頭皮）來按摩頭皮，讓頭皮上的厚皮軟化，然後脫下。之後就如平日一樣用風筒吹乾頭髮。

他說：明顯地，自從飲了黑靈芝黑豆湯之後，每早都有便意，我之前一星期有時也未必有大便，要到週末才有，身體和精神都爽利得多。雖然現在只過了十多天，我有信心可以控制這個銀屑病。

嚴浩按。

建議在喝這個湯的時候加一湯匙亞麻籽油，加大療效，但湯的溫度不可以是滾燙的。

有時讀者會來信問：有多種治療的方法，應該用哪一種？其實都可以試試，但絕對不要一天換一種，不過在用一種方法為主的時候可以同時用另一種方法為輔，譬如服用布緯食療的時候也服用靈芝黑豆湯，或者服用靈芝黑豆湯加亞麻籽粉／油的同時也服用烏梅甘草茶（看第一百一十四頁），不同的食療要隔開一段合理時間。

黑靈芝黑豆湯

材料

黑靈芝　　二兩

黑豆　　二兩

水　　十碗

做法

黑豆浸泡一晚，次日倒掉浸泡的水，用清水略微清洗。

黑靈芝清洗乾淨，用清水浸泡一晚，次日不要換水，連同浸泡的水一起煲湯。

黑靈芝、黑豆用水煮滾，水滾後再用中小火煲約一小時熄火，不時要用湯匙擠壓黑靈芝滲出藥湯。

煮湯是四日的份量，不需要其他配料。冷卻後放入雪櫃，第二天取出翻煲，早晚一碗，可用大約四天

皮膚裂、口瘡的療法

皮膚裂、口瘡是因為缺少維他命B雜。

梁小姐：「本人的腳趾頭及附近的皮膚一向都是厚皮，並且會龜裂，但吃了十穀米後情況大有改善，而且直到現在口腔再沒有生過痱滋（口腔潰瘍），但以往本人經常生痱滋，最嚴重一次試過生七粒，吃甚麼都沒有味道。」

建議同時服用益生菌和蒜頭水，口瘡用天然蜂膠噴劑，加速治癒效果。

益生菌

益生菌是食療的一個重要組成部分。

益生菌有很多種類，是對人體有益的好菌，生活在腸胃、口腔、陰道與肛門等部位，基本上，有黏膜的地方就需要益生菌維持健康。益生菌數量有百億，但這些小生物的生命很脆弱，吃幾顆抗生素就有可能死傷過半，平時飲食肉多菜少、纖維不足也會嚴重影響益生菌的活力和數量。益生菌有甚麼作用？

一、幫助消化，排除便秘。許多菌種可以產生消化酵素，幫助分解我們吃下去的食物。有些人長期肚瀉，十之其九是因為暴飲暴食，服用益生菌有緩解作用。
二、改善與抗生素相關性的腹瀉（AAD）。
三、有些人對奶製品敏感，在飲食前先服用益生菌可以緩解。服用布緯食療前先服用益生菌可以幫助吸收。
四、幫助消除血脂。
五、降血壓。
六、改善過敏性體質，例如過敏性鼻炎、氣喘、異位性皮膚炎及蕁麻疹等，有以上毛病的人必須服用益生菌。
七、有癌症的人必須服用。
八、抑制胃幽門螺旋桿菌，減少十二指腸潰瘍等消化性潰瘍。
九、益生菌在腸中會製造維生素B1、B2、B6、B12、E、K、生物素、泛酸、葉酸及菸鹼酸，對身體健康與情緒健康非常重要；能幫助鈣吸收，預防骨質疏鬆。
十、清除自由基，吸收重金屬等各種腸內毒素，改善排便，避免體內毒素累積，有效延緩老化。

市面上有很多益生菌產品，但大部分產品中的益生菌在進入腸道以前已經被胃酸破壞，「食療主義」花了很多工夫找來一種享有專利的歐洲產品，溶解的時間為一百五十分鐘，這樣大部分的益生菌便能在到達小腸和直腸後才慢慢分解出來。

蒜頭水

蒜頭水也是食療的一個重要組成部分。

自古以來，蒜頭都是抗菌的重要手段，後來發明抗生素，殺了細菌，也大量殺害腸子中的益生菌。腸子是人體最大的免疫系統，腸子的健康需要益生菌維持，把益生菌趕盡殺絕了，人就有各種各樣的病，然後超級細菌出現了，連抗生素也無法招架，於是又把蒜頭請回來。

蒜頭是重要的食療，缺點是太辣、太臭，每天服用很不容易，叫小孩子經常服用更加不可能，我們的團隊在瑞典的時候，找來一種用德國民間秘方去掉辣味和大部分臭味的有機蒜頭水，把這個問題解決了。

蒜頭水加上益生菌對感冒、鼻敏感、哮喘、皮膚病、癌症、心腦血管堵塞、腸漏症（經常拉肚子）、便秘、一切想改善健康的人都確定有幫助，加上磷蝦油、亞麻籽油效果更顯著。蒜頭水加上益生菌連自閉症、多動症和讀書障礙症都有幫助。

每天早上空腹服用一瓶蓋加溫水的有機蒜頭水，如果是飯後服用，可能會引起脹氣、蒜味等問題。

讀者的實戰分享

「飲用有機蒜頭水至今已經兩個月，不但皮膚敏感、食物敏感及腸胃問題都得到了很大的改善，甚至連精神也變好了。之前，用再多的方法，花再多的錢也得不到效果。爸爸在飲用的第二天，血糖已回復正常水準，一星期後，他的腿已開始有力上下樓梯，即使坐下起立都沒問題，困擾他多年的糖尿病就這樣得到了出乎意料的改善。

大兒子本來也有食物敏感及消化問題，他跟我同時飲用，兩個月後，即使吃了敏感的食物，便秘的情況也不再，學習也事半功倍，勇於嘗試新事物，表現自信，不再像以前那樣，一遇到不愉快的事就哭哭啼啼。我認為，這跟他飲用有機蒜頭水有很大的關係。

小兒子從一歲多開始，我已經發現他跟同年齡的小孩不一樣，最讓我懊惱的就是他從來沒有停下來的時間，而影響了他在學校的表現。曾經試過戒口及補充營養劑等多種方式，效果都不是太顯著。在飲用有機蒜頭水一個多月後，發現他能定下來學習，專注力改善，甚至可以對別人的問題作出適當的回應。陸續聽到分別三間學校的老師及游泳教練對他的好評，心中有種說不出的喜悅及感動。」

自製蒜頭水

材料

蒜頭　一瓣
溫水　適量
蜂蜜　適量

做法

蒜頭剁泥，待十五分鐘讓蒜頭中的大蒜素與空氣接觸後被激活），加入適量溫水和蜂蜜，早上空腹飲，才吃早餐。

註：這自製蒜頭水既臭且辣，許多人都會受不了。

蒜頭水對付念珠菌

女性中被念珠菌引起的煩惱很普遍。當免疫系統低下、潮濕、壓力、習慣性晚睡、飲食雜亂無章，以致體內成為酸性的時候，念珠菌就成災了。男性也會感染下體念珠菌。

食療

一、蒜頭水加上益生菌是對付念珠菌的高手，建議同時服用椰子油。

二、椰子油是天然抗生素，可以殺除黴菌、病毒與多種病菌。在一天中，分開四次，每次服用一湯匙冷壓椰子油。在有改善以後，減為每天服用兩湯匙，再連續服用幾個星期。對患處成片的和局部的都同樣有效，包括男性生殖器上的。

三、原味純乳酪中含一定品種的益生菌。

生活衛生

一、在潮濕天氣，用熨斗熨底褲後才穿，高溫有助殺菌。

二、不可用酒店及其他公眾地方的毛巾，盡量避免用護墊。

三、口腔也有惡菌，在關鍵部位避免接觸對方口水。

四、床單、枕頭套要消毒。

五、用風筒吹乾下體，不用毛巾。

六、用礦物泡浴粉泡浴，其中的鹼性有消滅細菌的作用。

七、外塗椰子油，男女都適合。

飲食習慣

甜是念珠菌的至愛，甜會令念珠菌氾濫，要盡量避免白糖和一切用白糖作的甜品、汽水、飲料、凍飲。戒菸，少酒，避開刺激性飲食，要早睡，適當運動。

玫瑰痤瘡的療法

男女都有機會患上玫瑰痤瘡，患者臉上被一片可怕的紅腫膿瘡覆蓋，傳統醫學只能提供治標不治本的類固醇。

G小姐：「我被確診為玫瑰痤瘡，幸運好快服用布緯療法，每天兩次，一個半月便醫治了！現在，感覺臉部又開始發作，原來離開上一次發作剛剛一年！不知是否與天氣濕毒有關？我再開始服食布緯食療，只兩天皮膚已經大大改善，臉上的痘痘開始收斂，皮膚重新恢復平滑，腸道排泄好順暢。我打算吃一個月，每天兩次，在這段期間不吃肉或魚。當我好了以後，是否可以當保健食物，只每天早上空肚吃一次？這樣做會否令身體產生依賴性，日後如我再復發便不好？正確的療程是否一個月？」

答：這些問題在上文「布緯食療」章節中有解釋。

第二天，G小姐又來信，信中只有一句：「嚴Sir，為何要戒甜食？」

答：「簡單而言，過多的糖分是引起身體各種炎症的元兇。原來你喜歡吃甜食？」

她回答：「哈哈！我的興趣是學做甜品！剛學做了兩次蛋白糖餅！」

Jenny：「我被玫瑰痤瘡困擾了三年，臉頰紅腫，中西醫不同療法花去十多萬也沒法根治。直至你介紹用油拔法後，情況有點受控，早晚各一次，兩個月後，本來皮膚上痤瘡腫塊造成的凹凸不平沒有再腫起來，雖然皮膚表面依然很乾和粗糙，紅印還沒有消退，但我已很高興，起碼用一點點藥用化妝粉底便已經可以遮蓋紅印，外表看來像平常人一樣了，以前粉底只能遮印，腫起的皮膚塊便沒法遮蓋。一個月前加上布緯食療，做完油拔法後，先飲一杯暖水，然後服用。晚上再吃一次。兩天後，清潔臉部後皮膚沒有很乾的感覺，粗糙皮膚表面有點油光，我高興得流下眼淚。這樣又過了一個月，現在的皮膚表面光滑，凹凸位置已平滑，紅印已消退很多，看起來只像有一點點敏感紅印。我會繼續。」

嚴浩按。

年輕漂亮的時候抵擋不住甜品，但再年輕漂亮也無法抵銷甜品和汽水一類東西的侵蝕，到了七老八十也不可能。過多的糖分是男女老幼引起身體各種炎癥的元兇。

暗瘡（痤瘡）的療法

皮膚有問題通常都要同時服用益生菌、蒜頭水、布緯食療或者冷榨亞麻籽油，最好加上油拔法，如果平時吃蔬果少，還應該補充強化器官、幫助消化的酵素。同時要找出引起身體敏感的食物。

鋅和鋸齒棕

治理暗瘡還需要再加上營養補充品鋅和鋸齒棕，需要同時服用才有效。

鋅是每人每天都應該補充的重要人體微量礦物質之一，鋅不斷流失，要不斷補充，有平衡荷爾蒙的作用。鋸齒棕的傳統用法是改善前列腺健康，而且還能有效改善腎臟的排水作用，幫助減輕水腫。鋸齒棕也有平衡荷爾蒙的作用，與鋅加起來用，產生了一種新的改善暗瘡的功效。

暗瘡不止出現在年輕人群中，有人一生都要對付暗瘡。為甚麼會長暗瘡？主因是愛吃油膩、辛辣的食物，高脂肪、高糖、高鹽飲食、長期便秘，累積引發體內礦物質失衡、脾胃積熱生濕、油脂分泌過量、皮膚上太多細菌、毛囊內細胞分裂過分活躍。壓力與青春期也會引起荷爾蒙失調，引起油脂過量分泌。

暗瘡食療總結

益生菌、蒜頭水、布緯食療（每天一次至兩次，飯前吃）、或者冷榨亞麻籽油（每天一湯匙到兩湯匙，飯後吃），營養補充品維他命C、B雜、鋅和鋸齒棕。

其他方法

一、口服蜂膠。

二、西方用茶樹精油塗臉上的暗瘡，據説有不錯的效果，請從小面積開始試。

三、蘋果醋對改善不嚴重暗瘡有療效：一湯匙蘋果醋，配三湯匙溫水，塗在患處，稍微按摩，讓它自乾。

四、蜂蜜、肉桂面膜平衡皮膚的pH值，一茶匙肉桂粉、兩茶匙蜂蜜敷臉上，大約二十分鐘後清洗。

五、蛋白面膜有效吸走皮膚上的油，同時使皮膚收緊：用兩到三個雞蛋白，攪拌到有泡，當面膜敷大約二十分鐘。

抗生素和各種數不清的皮膚膏，都可能無法治好暗瘡，還有醫生會開避孕藥給病人，但患者往往只是個未婚女孩子。長期服用避孕藥有可能不孕，我的讀者中有不少這樣遭遇的年輕女性。建議用上文介紹的方法內服、加上外敷，根據讀者反饋，連囊腫性暗瘡都可以改善，當然要戒口，少肉，新鮮海魚、海參可以吃，多吃新鮮蔬果、不可以晚睡、不可以給自己壓力。加上必須多喝水，每天喝桑葉茶更好，也每天服用蒜頭水、益生菌。腸道健康，皮膚才白嫩。

改善皮膚病總結

大部分皮膚病的原因都與腸道健康有直接關係，平時飲食需要均衡，採用新鮮、清淡、自然的飲食，少吃刺激、辛辣、加工食物、添加過多人工香料及燻烤的食物。不晚睡。

以上治療皮膚病的食療以布緯食療為骨幹食療，同時用油拔法、服用益生菌、還服用可以加強抵抗力、控制體內真菌的蒜頭水。在這個基礎上，文中介紹的湯水可以起到輔助和加速癒合作用，但如果代替骨幹食療可能無效。多吃新鮮沙拉，最好也有規律地服用酵素，譬如木瓜素。

如果自我評估有壓力大的問題，建議也服用印度人參（參考上文第六十五頁的「印度人參」）。同時用鹼性礦物粉泡浴，可以改善酸性體質，有助改善皮膚病。外塗「膚安霜」可以保濕止癢、滋潤皮膚。平時多喝粟米鬚水有助改善過敏性體質，請參考「蕁麻疹」欄目。

蕁麻疹

從日常生活和飲食着手，避免蕁麻疹的入侵。特別注意要找出引起身體敏感的食物，譬如甜品、白糖、汽水、凍飲、太多白飯、麵食、麵包、糕點等。

如果在流汗的時候開冷氣機，突然收縮的毛孔會干涉皮膚正常的排毒，把寒濕二邪困在身體中，為皮膚病留下禍根。晚上避免直吹冷氣，可以在房間外開冷氣，讓冷氣飄進臥室。

以下的食療可以幫助蕁麻疹患者。

一、益生菌加蒜頭水。
二、布緯食療或者冷榨亞麻籽油，或者磷蝦油、魚油。
三、最好加上油拔法。
四、多吃蔬果，多喝水，早睡，散步。
五、平時用粟米鬚煮水代替茶水。粟米鬚在市場有新鮮的，在藥房有乾的，都可以採用。隨意下一堆粟米鬚，像煲湯一樣煮一鍋，隨時喝，有利尿祛濕、改善過敏性體質的作用，性質很溫和，老幼適宜。

防治鼻竇炎

鼻敏感、鼻竇炎的人要注意保暖，九十巴仙的鼻敏感都是因為體寒、脾虛引起，所以鼻敏感的人服食冷飲、冷食物後症狀會加重。鼻敏感的人還不可以用冷水洗臉，總之，一切與「寒」和「涼」有關的東西和生活、飲食習慣都會令鼻敏感加重。堅持一個冬天每天早上行山、或者到公園運動，鼻敏感會大大改善，但不能在海邊，海風對身體沒有好處。果汁要早飯後兩小時喝，水果要在飯前吃，要永遠告別冷飲。寒性體質是可以改善的，但要自己幫助身體改變。

讀者的實戰分享

讀者日本人妻在美國來信：「二零一三年的最後一個月，我跟孩子 Mimi 都中了 type A 流感。Houston 這個季節的溫差非常大，早晚可以相差攝氏二十度，今天跟明天也可以相差二十度，非常多人感冒。

因為我鼻子本來就過敏，每次感冒幾乎都會變成急性鼻竇炎，從國二第一次得鼻竇炎之後，我就跟抗生素結下不解之緣，這次流感之後約第四天開始頭昏腦脹，不停流很濃又有味道的黃鼻涕，咳嗽喉嚨痛。我實在很不想去看醫生，美國的醫院太坑人了，每次收到醫院的帳單都讓我很傻眼。

西醫曾告訴我：如果你不積極治療，變成慢性鼻竇炎更難治。多年來我就因着這句話重複吃抗生素，徵狀被壓下去了根沒有斷，它過一年一樣又來。我曾試着找中醫治療，但在治療一個星期無效之後，我被我的恐懼逼首回頭服用抗生素。

在二零一三年接近尾聲的時候，不知道哪來的勇氣，我發現我已經準備好要跟過去說再見了。首先去找中醫，這位中醫的醫術是在美國學習的，跟台灣傳統的中醫不一樣，大意是說我的胃收納功能不好，東西下不去，產生的熱只好往上跑，造成喉嚨痛、鼻涕黃、嘴乾、皮膚癢等徵狀。所以第一步是要改善胃的功能，讓吃進去的東西可以往下走而不是往上跑。第二步是將長久以來壓在肺裏的熱拉出來到表面，再用中醫的感冒藥治療。吃了一個多星期，嚴重度從十分減至七分，但還是有臭臭的黃鼻涕，尤其是早上跟睡前。

這時看到一本書叫做《嚴浩秘方集》。嚴浩大力推廣一個叫做『布緯食療』的另類療法，有讀者說本來想治胃病用這個療法，沒想到連慢性鼻竇炎也好了。原來這兩個病息息相關，剛好跟中醫說的一樣。這個療法本來是用來治療癌症的，一般非重症不需要素食，所以我還是照樣吃肉，只是甜食就盡量少碰，因為中醫師也告訴我不適合甜食。

我早上飯前吃一次布幃食療，同時也採用了嚴浩提到的油拔法，增強排毒的功用。我早上的流程：起床後先用油拔法、淡鹽水漱口，然後喝溫水暖胃，然後布緯食療。嚴浩有提到可以喝紅糖薑水暖胃，然而鼻竇炎已經燒乾了我的呼吸道，喝薑水真的不如喝溫水舒服，那就相信身體的直覺吧。經過一個星期的食療，加上中醫治療，黃鼻涕沒有了，也沒有臭味了。呼吸道有滋潤的感覺，早上起來喉嚨也不痛了，雖然早上還是有白色清的鼻水，不過鼻竇炎好了。經過了十幾年，終於在沒有用抗生素的情況下，治癒了鼻竇炎，對我來說，這次的療癒不僅僅是身體上的療癒，也包括了心的療癒。」

嚴浩按。

服用布緯食療前先喝溫水暖胃，因爲布緯食療是冷的。還有一個方法，在做食療之前，先把適當份量的芝士放在杯子裏，然後隔著杯子在溫水中把芝士坐到不冷。不可以坐熱，不冷就可以了，然後加入亞麻籽油攪拌。

中醫與布緯食療結合是可以的。空肚子服用布緯食療，半小時後服用中藥。

讀者二妹來信：「小女今年四歲，有嚴重鼻敏感，每天打噴嚏時都會同時流出大量濃濃的鼻涕，每天晚上都鼻塞無法呼吸，吃西藥時情況會好些，一停藥，鼻敏感症狀便再現。多星期前，我嘗試在晚上將一湯匙冷榨亞麻籽油混在小女的白飯中，不到一星期，小女的鼻敏感沒有了，濃濃的鼻涕也沒有了，現在小女已吃了近一個月了，鼻敏感仍沒有復現，身體變好了，每天大人及小朋友都能安睡，真的謝謝你！希望這經驗能幫助其他有需要的人！」

嚴浩按。

亞麻籽油可以在飯後直接吃，或者混在麥片、沙律、水果、果汁中吃，要注意飯的溫度不可太燙，避免亞麻籽油氧化。

桂枝白芍瘦肉湯

除了花椒和冷榨亞麻籽油，有一劑治鼻敏感的食療也很有效，這是台灣的「五代中醫」推薦的，「吃完快則一天，慢則數日，過敏症狀即會改善，體質恢復之後，只需久不久吃一次做保養即可。」

材料

桂枝二錢、白芍二錢、東洋參片（或用參鬚、高麗參、吉林參代替）二錢、紅棗六顆、生薑四片、瘦肉十片、水三碗（一碗水約為二百五十毫升）、米酒少許

做法

瘦肉用滾水灼熟。將瘦肉和所有藥材放入大瓷碗內，加入三碗水，隔水燉半小時，加入少許米酒調味。

註

這湯可在晚餐時飲用；若是給小孩子飲用，可減少米酒的份量。但熱感冒、燥熱體質、易口乾舌燥、便秘、大便硬、火氣大及腸胃有熱者不適宜飲用這湯。

烏梅甘草茶

服用烏梅甘草茶可每日一劑，分兩次慢慢喝下，可以日服兩劑。功能祛風鎮咳，容易敏感咳嗽、久咳不止或常用嗓子人士可經常飲用。不論肺寒咳嗽或肺熱咳嗽均可飲用；解鼻敏感，清感冒。

如果改用梅精，烏梅兩枚以四分之一茶匙梅精代替，一天喝兩次。這茶適用於各種體質，不論寒咳、熱咳、敏感性咳嗽、感冒後久咳不止、或者清感冒也可以。也可以改善鼻敏感，這湯本來就疏風通竅，令呼吸道暢順，減少發作。婦女月經量多者忌服。

材料

烏梅兩枚、生甘草五片、白菊花一湯匙、川芎六克、白芷十克、蒼耳子十二克、辛夷花六朵、紅棗兩個、水八百毫升

做法

烏梅與食材清洗後，除白菊花外，其餘加水煮沸，水煮沸之後繼續小火煮十五分鐘左右，再加入白菊花，再繼續煮沸三分鐘左右，便完成。可將材料放入真空壺中，用開水沖洗一次，再加入開水，焗三分鐘左右即可飲。

花椒治彈弓手

花椒，就是四川火鍋中的花椒，不需要除去表皮，稍微沖一下便可以用。同時用花椒與冷榨亞麻籽油對治療鼻敏感有很好的效果。

丘竹博士是一位很有成就的儒商，公餘時研究了養生學問十多年，根據博士的研究和經驗，他認為花椒是上帝送給人類的一個極為寶貴的禮物。傳統中藥的解釋，花椒只是「溫中止痛，殺蟲止癢。用於脘腹冷痛、嘔吐洩瀉、蟲積腹痛，蛔蟲症；外治濕疹瘙癢」。但丘博士的研究擴展到國外，他發現國外對花椒的研究已經很深入，其中的一項，是花椒對身體的神經系統，包括末梢神經，都有莫大裨益。

丘博士曾經患「彈弓手」。長時間打字、彈奏樂器、打遊戲機、上網、發短訊、家庭主婦勞作，勞損會令手指形成彈弓手（Trigger Finger），症狀是手指屈曲後就不能再伸直，要用另一隻手拉直手指，拉直後又不能彎曲，手指痛得厲害，再惡化之後，會長期處於屈曲狀態。彈弓手通常發生在中指及無名指上，中、西醫都有一套治彈弓手的方法，丘博士都試過依然無效。根據西醫的方法，如果無效就要注射corticosteroid，正是類固醇，當類固醇無效，往下就要動手術，將筋膜切斷，切開卡着肌腱的橫向腱鞘；病「治好」了，同時就成了輕度的傷殘。丘博士不願意走這一條路，就這樣發現了花椒，根據花椒對神經系統、包括末梢神經有莫大裨益的資訊，用自己創造的花椒療法把彈弓手治好了。

丘博士的花椒療法

上午的時候，在兩頓飯中間，放五、六粒花椒在舌頭底下，含軟了以後，慢慢嚼爛。花椒不辣但麻，一次吃太多會覺得透不過氣。花椒汁長時間與吐沫結合然後吞下肚子，對治療來說，是重要而關鍵的，如果這個過程有半小時，會有更好的效果。最後把花椒完全嚼爛，連渣吞下肚，這是一次治療。

牙周炎

高脂肪飲食會令牙和牙齦間的溝隙擴大，口腔中的益生菌減少，惡菌增加，是其中一個導致牙周炎的原因。牙周炎還因為長期脾腎虛、肝氣過旺引起牙齦經常發炎。另外兩大原因是抽煙和糖尿病。

牙周炎如果不理，牙齒會一個一個排隊掉下來。

改善方法

一、每天早上油拔法，加上每餐後用牙線，然後再用淡鹽水漱口。必需是淡鹽水，濃鹽水反而會引起牙齦收縮。

二、用蜂膠噴牙齦

三、內服亞麻籽油

麥冬生地熟地湯

讀者來信分享了這個有助舒緩牙周炎的湯水，這湯有清內熱的功效。

可請中藥店的店員執一人份量的麥冬、生地、熟地（每劑約十元港幣）。豆腐在水滾後加入，就不會變爛。執藥時，中藥店老闆還給了該讀者一些參頭，叫他每次加入約二至三粒，據說有清熱作用。香港傳統的藥房都富有人情味，很感謝這位老闆，替顧客帶來溫暖。

材料

麥冬五克、生地和熟地各十克、瘦肉或豬骨一百克或隨意、豆腐約一百克、水（約一公升）

做法

麥冬、生地、熟地、瘦肉或豬骨和水放入煲內，先用大火煲滾，放入豆腐，再轉用慢火煲約兩小時。

口臭

有了牙周炎就會有口氣，但產生口氣的原因不止是牙周炎。

陳小姐來信：「我最近大半年受到扁桃腺結石的困擾，第一次發現喉嚨好像有白點，又卡住喉嚨，還以為是扁桃腺發炎去看醫生，醫生用小木棒替我擠出結石，就沒事了。其實我每晚用鹽水漱口，但沒有幫助，結石還是不斷有。」

扁桃腺結石不是真正的石頭，只是黃白色塊狀物，形狀似石頭，俗稱結石。我們大部分人都有過與扁桃腺結石貼身接觸的經驗，只是不知道這種東西的名字。有時候喉嚨有異物感，偶爾可以將異物咳出，發現是黃白色米粒大小的東西，用手指輕壓，可以將它壓碎，奇臭無比，火氣大或睡眠不足時，會更加厲害，這東西就是扁桃腺結石。

扁桃腺在喉嚨的後面，表面有很多稱為「隱窩」的小洞穴，當食物殘渣及扁桃腺自身腺體分泌物積聚在隱窩，就會形成扁桃腺結石，小如一粒米，大似爆穀，患者會感到喉嚨有異物，口氣嚴重惡臭，如果結石變大會造成扁桃腺發炎。我曾經在飛機上遇到這樣的一個乘客坐在旁邊，臭足全程。

患者有時會經漱口將結石吐出，也可自行用棉花棒清理掉。

棉花棒清理方法

在鏡子前盡量張開嘴看見喉嚨，用一個電筒找喉嚨上的白點，用棉花棒把這個怪物輕輕擠壓出來，但要能忍得住喉嚨被刺激後想嘔的感覺。

扁桃腺結石十分常見，通常會自行脱落，若經常反覆發炎、疼痛、化膿，醫生會建議把整個扁桃腺摘除，但是否需要採取這種暴力方法是見仁見智了。原則上是不允許自己讓健康惡化到這個地步，只靠鹽水漱口無法根治，抗生素更無法根治，還會引起其他的健康問題。

扁桃腺結石與平時的生活習慣與飲食習慣有關，譬如火氣大或睡眠不足會刺激扁桃腺結石生長和惡化，煙和酒、辛辣、油炸食物、太鹹和太油的食物、冷飲、晚睡都絕對有影響。去除這種因素後，多新鮮蔬果，每天一到兩次油拔法，每次飯後用牙線和淡鹽水漱口，會幫助改善。

便秘

腸道長期不健康會引來很多病，包括口臭、三高、腦退化、癌症、關節痛、腰椎病、多動症、自閉症、各種奇難雜症，表面上看來與腸道無關，其實與腸道健康有直接關係。

越是久坐不動，腸道蠕動功能越減弱，有一位朋友四十歲以後開始便秘，後來發現飯後隨意散步，半個小時左右就有便意，屢試不爽。有了便意，應該養成習慣即時排便，否則直腸神經變得遲鈍，成為習慣性便秘。

益生菌肉眼看不見，但腸道中維護健康的益生菌有兩斤重，種類超過一千！益生菌很容易死亡，不良飲食結構和生活方式、抗生素和西藥都會在數量和菌種上破壞益生菌，引起便秘或者長期肚瀉。益生菌需要每天補充，就好像刷牙一樣。

食量太少也會影響排便，食物中應該以各種粗糧為主，譬如十穀米、雜豆飯、小米等。飲水太少，腸道中缺乏水，也不會健康。咖啡和茶不可以代替水，反而會減少身體的水分。每天起來應該喝一到兩杯水，一日中不要等到口渴才喝水。

有一位大約六十歲的女讀者PP來信說：「本人一直依賴灌腸才能排便。我吃得很健康，很清淡，但食量極少。也因為長久灌腸，自然排便功能似乎盡失。提肛做了三星期左右，在食物上做了一些調整，當中有好幾次居然真的能自然排便，高興死啦！我是非一般便秘的患者，要知道過去三十年只試過兩次自然排便，哈，正確說法是肚瀉。」

嚴浩按。

依賴灌腸才能排便，我相信有這個問題的人一定不是少數。蜂蜜、奇異果、核桃、原味乳酪對便秘都有幫助。益生菌有很多不同種類，應該服用適合自己的一種，請參考「食療主義」。提肛和飲水提肛法，見本書第一百八十六頁。

便秘引起的口臭

口臭，相當令人困擾。

讀者Ming來信：「我有口臭多年，影響日常社交，同我對話的人都遮掩鼻子或退後，我真的十分不好意思，我好怕見朋友食飯，同別人說話，我看了兩年中醫都無法根治。」我建議這位小姐先服用益生菌。

讀者Ming：「服用了兩週益生菌，排便問題已經好了很多，先謝過嚴先生，但我仍然有口臭。」

我想起了一種植物叫火炭毛，這是一位傳奇人物「天師」伍啟天分享的，火炭毛治肚瀉；還有祛濕熱、清洗腸道的功能。長期濕熱的人士的舌苔會呈白色。

讀者Ming：「已飲了布渣葉火炭毛茶兩天，早晚一次，在早上有肚痛的感覺，上了廁所後就沒有了，問過妹妹，她說我已經沒有口臭，但我覺得益生菌是幫上不少忙的。」

如果希望效果持續，一定要絕對戒冷飲，戒煎炸食物，早睡，少肉多新鮮蔬果，建議同時用油拔法，效果更佳。

布渣葉火炭毛茶

材料

布渣葉　三十克
生麥芽　二十克
神曲　二十克
火炭毛　三十克
水　五碗

做法

將所有材料洗乾淨放入煲內，先浸中藥十五分鐘，用大火煲滾，轉用中慢火煲成兩碗水，一天喝兩次，服用三天

註

每家爐火各不同，煲中藥時要注意火候。

幽門螺旋菌

讀者中，有服用布緯食療後治好了幽門螺旋菌與胃酸倒流的案例，布緯食療是改善免疫系統的上品，服用前二十分鐘先飲酸椰菜汁或木瓜素，是「有病治病，無病養生」的最佳組合。

認識多點木瓜素

不少人腸胃衰弱，無法消化肉類蛋白質而不自知，上了年紀的人和年紀不大的人都有這個問題。這些人消瘦、或者虛胖、臉色青黃、眼袋大、肌肉少和沒彈性、皮膚暗啞、容易有皮膚病、關節痛、濕疹、鼻敏感、怕冷、肢體發麻……如果去檢查，又查不出甚麼病。這部分人即使排便正常，飲食健康，平時早睡早起、有運動，也早已戒掉冷飲，還是無法讓自己豐潤起來。即使皮膚病已有明顯改善，也無法斷尾。這是因為當胃腸衰弱，胃液消化酶（胃酸）的份量和濃度減少，大部分蛋白質無法被消化，被當成廢物排出體外，身體缺少蛋白質而長期處於營養不良狀態，以上說的徵狀就會出現。

這時候就要補充專門消化蛋白質的木瓜素了。「食療主義」找來的木瓜素是布緯博士親自研發，這種木瓜素包括了木瓜肉、皮和籽，不怕被胃酸（酸性）和小腸（鹼性）破壞，有效分解並排出過量的脂肪和蛋白質，也將蛋白質很快轉化為氨基酸，使身體容易吸收，對吸收和排泄有雙向的平衡作用。

讀者黎小姐：「我一直以來常有胃痛，中醫認為我胃酸過多，要我戒掉酸的水果和難消化的食物，例如糯米、芋頭等。之前吃東西及睡覺都痛，而且肚子會發出聲音，腸會蠕動得難以入睡，更放出大量的氣。你曾經介紹過木瓜素，所以我買了來試，結果胃痛的情況好了很多，雖然現在仍有不適的情況，但比以往已是改善了。」。

飲用方法

在餐前二十分鐘飲用七十五毫升木瓜素，其中的消化酵素有利改善腸道環境，以致不容惡菌生存，甚至可以消滅寄生蟲。

胃酸倒流與胃酸不足

胃病只可以養，沒有藥可以根治胃病。

當你覺得「胃酸過多」，以致胃酸倒流的時候，有可能正是胃酸不足，胃本能攪起有限的胃酸使用，這樣就引起壓力與胃酸倒流。嚴重的時候，胃酸倒流回食道，胃也會抽筋。大部分的胃病來自壓力和消化不良，兩種情況都令到身體酸化，以致免疫系統失調，這樣的結果，反而使到最需要胃酸去消化時胃酸又出得不夠。這種情況在現代人的飲食和生活狀況中普遍存在。

食療

一、讀者中被醫生診斷「胃酸過多」的胃病患者服用木瓜素後情況改善，因為木瓜素中的木瓜蛋白酶（Papain）最接近胃蛋白酶（Pepsin），胃蛋白酶與胃酸一同在胃黏膜裏釋放出來消化所有蛋白質特別是肉類，若胃酸不足，胃蛋白酶也會不足。

二、讀者keung分享：「有關治療胃酸倒流的食療，可以用一茶匙蘋果醋與一杯溫水調勻，每次胃酸倒流發作就喝。我已經用這個方法幫助了二十個同事改善了胃酸倒流，這個方法我是從加拿大學到的。」蘋果醋的分量可以從一茶匙到一湯匙，從少開始，如果少已經有效，就毋須增加分量，應該空腹喝。

三、小米粥是養胃健脾神品，每天都應該吃小米粥，請參考上文第十四頁。

四、木瓜素和蘋果醋配合。木瓜素治本，可以長期吃，是最有療效的發酵食物，使胃酸倒流不翻發，在發作時，假如木瓜素還不夠，就加用蘋果醋。胃酸倒流如果是因為胃潰瘍則需要看醫生。

五、壓力引起胃痛，如果自我評估有壓力大的問題，建議也服用印度人參（參考上文第六十五頁「印度人參」）。

胃竇炎和胃下垂

豬肚黃芪陳皮湯對改善胃竇炎和胃下垂都有療效，飲用這湯之同時要戒冷飲冷食、煎炸、辣；每天吃小米粥及益生菌，做油拔法。

豬肚黃芪陳皮湯

材料

豬肚（豬胃）一個、黃芪一兩、老陳皮四錢、水適量

做法

洗乾淨豬肚，切去脂膜，將豬肚切成幾小塊。煲內放入豬肚、藥材，加入適量水，煮到豬肚爛熟，得湯四、五碗，睡前兩小時喝湯一、兩碗，肉可以不吃，剩下的第二天早上、中午喝掉，連喝十五劑。

註

買一個小的豬肚

腸易激綜合症

現代社會中，很多人經常性大便失禁，非常煩惱。腸易激綜合症，又稱過敏性腸道症候群，俗稱大腸急躁症、腸躁症、刺激性腸症候群、急躁性腸症候群、腸躁症候群、腸漏症、腸道食物過敏症等。主要是排便異常，腹痛，有可能時而腹瀉時而便秘；當感到壓力或者焦慮，即使程度很小，也導致腹瀉（也稱作神經質性下痢）；有時候在劇烈的腹痛後排出大量黏液、大便失禁；症狀重一點的人，會無法控制地放屁，被視為社交恐懼症的一種。

讀者小エ來信：「我是一名二十八歲女子，因長期受到壓力影響，身體終於受不了，積勞成疾。我的身體近這五年間出了很大問題，最令我非常困擾的是『腸易激綜合症』，當食到一點不潔淨的食物，晚上就會不停嘔、肚瀉，同時腸和胃不停抽筋，一邊抽，一邊肚瀉，一邊嘔，痛不欲生。抽筋完全停不了，要召救護車進醫院打針、或者吊鹽水才能舒緩一點。我用盡一切方法尋找根治方法，但情況還是起伏不定。幸運地在電視節目中認識你，朋友也曾介紹你的食療，既然藥物幫不到我，戒口也不會有太大改善，為甚麼我不嘗試用食療去改善我的腸胃問題呢！我應該用甚麼食療可以改善病情？」

這是典型的腸激症。小エ雖然才芳齡二十八，身體的年齡已經比實際年齡老，大概二十多年來從來沒有照顧過自己的身體，其實很多人的病根是在三十歲之前種下的，原因還是飲食太亂、愛喝冷凍飲品、晚睡、不運動……。與這位小姐的來往電郵，我注意到都是半夜十一點以後寫的，有時是一點以後，這樣就讓身體長期處在亞健康狀態。

早在明朝，山竹果已經被名醫李時珍收錄在《本草綱目》中，對便秘及腹瀉都有效果，也有一吃過飯就排便的人，會減少排便的次數。山竹果中的氧雜蒽酮（Xanthones）為腸道中益生菌的存活創造了健康的環境，但不可以代替益生菌，現代社會的飲食與烹飪不負責任地多元化，益生菌需要經常補充。

以下的食療，對小H會有幫助：

一、有機山竹汁每天三次，每次三十毫升（一杯水是二百五十毫升）。

二、每天飲用一湯匙（十五毫升）亞麻籽油，隨餐服用，可以從半湯匙開始，三天後再增加。亞麻籽油含有高度奧米加3，這是減輕腸道發炎的重要食物，亞麻籽油本身對腸激症可能不起治療作用，但對改善整體健康，令到這個煩人的病斷尾，則有重要作用。

三、可以把亞麻籽油加在山竹汁中喝掉。

四、如果山竹汁從冰箱中取出，應該先加入少量溫水，方法是把溫水先調好溫度，再加進山竹汁，不可以直接把滾水加到果汁中。加入溫水後再加入亞麻籽油，然後喝掉，早上起來空腹喝。另外兩次山竹汁在兩餐前喝，毋須再加入亞麻籽油。

五、飯後服用益生菌。

六、蒜頭水，從半湯匙開始，逐漸加到一湯匙，早上加在一百至二百毫升少量溫水中服用。在服用蒜頭水後，然後服用山竹汁。

腸易激綜合症患者需要終身嚴格注意飲食與休息，勿刺激腸道。

兩個星期後她來信：

小工：「我每日都堅持飲用山竹汁、亞麻籽油，腸胃好了起來！也每天早上用油拔法，每天也能吐出很多在鼻子裏倒流出來的鼻水和痰，這是好嗎？」

答：當然是很好的反應，要繼續。

還有另外一個症狀比較輕的案例。

「之前經常有肚瀉的情況，飲了山竹汁一週後已開始有改善！首週一支山竹汁（大約一百一十毫升）分三天喝，現在慢慢減量繼續喝。」

麩質不耐受——你必須知道的腸道秘密

越來越多的人無法消化小麥製品（麩質不耐受），譬如麵包、糕點、公仔麵、烏冬、各種的麵條、用麵粉裹炸的雞之類。很多人長年有腸激症、便秘，從不曾聯想起罪魁禍首是這些食物。為甚麼連麵包、麵條這些看來無傷大雅的食物都無法消化？小麥製品需要酵母（yeast），用抗生素殺菌對付感染的結果，是腸道中的益生菌也無法生存，結果令到身體內真菌（yeast）爆棚，這時候吃含yeast的小麥食物等於百上加斤，容易引起腸漏症，讓沒有完全代謝的物質直接通到血管，免疫系統變得亢奮，引發器官與皮膚發炎。這是一個公式：垃圾食品帶來消化不良和細菌病毒感染腸道，感染帶來醫生，醫生帶來抗生素，抗生素帶來腸漏症，腸漏症增加麩質不耐受、食物過敏和身體與皮膚各處的炎症，包括兒童的多動症／自閉症也是同樣成因！抗生素如非必要不應該濫用濫服。如果服用過抗生素，應該立即服食益生菌，要知道保護免疫系統離不開益生菌，根據百度資料：「益生菌可以通過刺激腸道內的免疫機能，將過低或過高的免疫活性調節至正常狀態。這種免疫調節的作用也被認為有助於抗癌與抑制過敏性疾病」。

放屁這個問題

讀者 Gabby：「我先生有長期放屁問題，他飲食非常清淡。」放屁這個問題好像很搞笑，不理也可以，但事實上如果不理，可能是腸癌的開始。幸虧我對類似的問題已經有些經驗。我問 Gabby 的先生是否喜歡吃麵？麵包？麵粉做的糕點？

知道 Gabby 怎麼回答嗎？

Gabby：「我先生喜歡吃麥麵包，市面的麵包他可以吃一整條！還有雞蛋，他可以吃十個。會有放屁問題嗎？」

雞蛋和麵包都沒有纖維，大量吃一定會放屁，並會阻礙腸道蠕動，造成食物黏滯，形成放屁、便秘、或者經常性拉肚子、虛胖、胃酸倒流，日復一日有可能導至糖尿病和直腸癌。麵包、糕點不可以當飯吃，只可以當趣味食物。

我發現不少人都遇有類似的毛病，平時的共同點是喜歡吃麵、麵包、糕點，結果嚴重到連走路都沒有力氣，上樓梯更沒有辦法，西醫檢查說沒有病，中醫檢查說身體虛、要補，結果愈補愈走不動，最後連起床也沒有辦法。

大部分的病都是吃出來的，而且通常都是一些不起眼的食物。

灰指甲

形成灰指甲的細菌多過一種，成因也多過一種，糖尿病、免疫力低下、營養不良、年邁等群體，均是甲真菌病的多發群體；有美甲習慣的年輕女性也易罹患。我母親和兩位姐姐在年紀大以後都有灰指甲，她們正好屬於免疫力低下的年邁群體。

免疫力低下可以服用布緯食療，加上油拔法，但是對我媽媽來說已經太遲，老媽媽患病多年，待我發現布緯食療對養生和改善健康的重要，母親已經完全癱瘓了。

由於無法確定致病菌種，所以治療灰指甲的方法也可能多過一種，可選擇用以下的油塗在患處：茶樹精油、冷榨椰子油、摩洛哥堅果油、甜杏仁油、牛至草精油、橄欖油、澳洲堅果油、茶籽油等，都有讀者用過以後認為有效，使用步驟與用茶樹精油一樣。

外用

一、盡可能剪去患病的指甲。
二、用鹼性礦物泡浴粉加上溫熱水泡四十分鐘，這樣可以把整個足部的真菌控制。開始的時候一星期多泡幾次，浸泡後用風筒吹乾。
三、把酒精倒進一個帶噴嘴的噴壺，噴遍全腳。
四、待酒精乾後，在患處塗上茶樹精油。

五、如果也有香港腳，用冷壓椰子油代替茶樹精油，塗滿全腳，然後穿上襪子，一天兩次。

內服

服用冷榨亞麻籽油，大人飯後服，一天一至兩湯匙；或者服用布緯食療。

治療灰指甲需要比較長的時間，這是因為指甲的生長速度很慢，一片指甲從底端長到邊沿需要五六個月。灰指甲和香港腳會互相傳染，所以要照顧整個足部，這種細菌很難消滅，但改變它的生活環境就可殺掉了。發現有改善的時候要繼續治療四到六個星期，讓真菌沒法生存。

提醒

在梅雨時節，一雙鞋穿了幾天就有機會長出黴菌，如果有黴菌，你的香港腳和灰指甲便永遠不會好。看看鞋子裏有沒有長出黴菌，如果有，還會有一股黴味。灰指甲會傳染，一定要小心將患者的襪子另外分開洗。

香港腳

引起香港腳的真菌也難消滅，因為真菌生存在表皮下面，表面看不出一點痕跡。用鹼性礦物泡浴粉加上溫熱水泡四十分鐘，鹼性物質會逐漸滲透毛孔，令表皮下的真菌失去適合生存的環境。

方法

一、放熱水進自動保溫泡腳盆內，泡腳盆上有個溫度計，會顯現水溫。

二、把一茶匙鹼性礦物泡浴粉加入自動保溫泡腳盆中。

三、放進雙腳，從泡腳盆上的按鈕調出你喜歡的溫度，一般能適應的是三十五度，我會調到三十八度，但不要超過四十二度，其實三十八度已經足夠，不是越高溫越好。

四、從按鈕調出泡腳時間，建議四十分鐘。在泡腳過程中，不可以吹冷氣、不可以吹風扇，目的是微微出汗，最好用毛巾蓋着膝蓋。

這樣泡幾次以後，香港腳已經明顯改善，甚至只泡一次已經看見改善跡象，水泡開始收水了。這時候會出現一個有趣現象：半夜可能會被腳趾中的痕癢弄醒，如果開燈看，會發現癢的部位一點水泡都沒有，你不理它，可能等到白天就好了。這是泡腳粉中的鹼性物質經過熱水泡腳後滲透了毛孔，以致躲在表皮下的真菌也失去了適合生存的環境，癢是真菌垂死掙紮，隨後屍體通過排汗排出體外。

加速治療過程的方法

無論泡腳還是泡浴，每過二十分鐘後輕輕擦死皮，以後每十分鐘擦一次，擦出死皮是加強排毒效果。平時用清水泡腳是擦不出死皮的，即使成功擦完一次後，不會每隔十分鐘還擦得出兩次、甚至第三次，證明這是礦物粉中的礦物質在起作用。死皮會長時間留在鞋襪中，甚至床單上，很不衛生，留在皮膚上的死皮也可能為真菌留下生存的地盤。擦腳上的死皮可以用浮石，不難買到，譬如賣浴室用品的小店，或者賣化妝品的店。

浸泡完後，毋須沖洗，直接擦乾腳，也毋須再使用任何藥物，非常方便。如果有需要，在泡腳以後擦乾腳，用酒精噴遍，待酒精乾後，塗上一層椰子油，然後穿上襪子睡覺。

這樣去對付香港腳已經勝算在握，不用再操心。由於泡腳的過程很舒服，大大舒張了神經，也為身體排了毒，如果有感冒也可以加速好轉。記得，建議的時間是四十分鐘到一個小時，正好看電視。

香港腳的成因基本有五種

一、飲食。

二、生活在潮濕的環境。

三、被傳染。

四、身體衰弱。

五、從來不清潔鞋墊。

香港腳不是大人的專利，小學生也會有香港腳，可能是家長從來沒有想過為小朋友洗鞋墊，或者把鞋墊放在太陽下曬。鞋子應該經常放在通風乾燥的地方，如果開冷氣或者用暖爐，每天晚上都把鞋子放在附近，記得把鞋墊拿出來。皮鞋比較難將鞋墊拿出來清理，可以用熱風筒塞到鞋子中狂吹一分鐘。黴菌在鞋墊上繁殖得非常快，在下雨天，鞋墊上很快長出一層能看得見的黴菌。

不注重鞋子和襪子乾爽清潔，不消滅黴菌，保證香港腳／灰甲永不斷尾，任何秘方都沒有用。

防治痛風

痛風

我見過最年輕的痛風患者是個肥仔，才二十歲，印證了對痛風病患年紀的統計：痛風大多數發生於二十至六十歲的男性身上。嚴重的痛風患者在關節或者皮膚下面有尿酸形成的結，或者鈣化的結節瘤，又叫痛風石，發病的時候連襪子或一張薄床單的壓力都無法忍受，連風吹過皮膚都會痛。痛風時，關節會有一陣突發的劇痛，有時候伴隨腫、紅、熱和僵硬。痛風是間接性的，從幾個月發作一次到幾年發作一次都有，發病後延續幾天到幾個星期都有。

新的研究認識到：痛風不只是吃了太多肉或者嘌呤的後遺症，也和吃了太多白飯白粥、麵食、特別是白糖、精煉白麵粉和白糖做的食物有關，減少服用白糖和甜品，減低痛風危機達到百分之八十。

尿酸高是痛風的起因，是吃出來的，我們愛美食，但美食會要了我們的命。尿酸高也是以下幾種病的起因：糖尿病、膽固醇高、血壓高、肝病、心臟病。必須多喝水，或者青木瓜湯煮綠茶，幫助腎臟把過量的尿酸排出體外。

櫻桃二十粒舒緩痛風

根據世界最大的科研機構「美國化學社」（American Chemical Society），在一九九九年的《自然產物雜誌》（Journal of Natural Products）中的資料：「每次吃大概二十粒櫻桃，可以有效舒緩痛風發作時的劇痛和發炎，有效程度等於最暢銷的抗炎片，譬如阿士匹靈和COX-2抑制劑Celebrex。」

治痛風用鹼性食物

平時去中藥店買烏梅泡水喝，每天喝兩升，也可以用新鮮檸檬泡水，無事多喝蔬果汁，以上的「酸」進了身體就是鹼性。嚴重痛風患者幾乎甚麼都要戒口，可以服用花粉、藍藻等鹼性營養品。要減肥，嚴禁煙酒，嚴禁吃內臟、沙甸魚、鯷魚（anchovies）、肉汁、海鮮、乾豌豆及豆類。

青木瓜湯煮綠茶

有一位影視界巨人，年近八十，她患有痛風多年，嚴重到要坐輪椅，看醫生吃藥也沒有用，有人推薦我介紹的青木瓜湯煮綠茶，果然，連續喝半個月之後痛風改善了。

她在痛風舒緩後去驗血。報告説，血中還是有痛風因素，所以關鍵是注意飲食，不要把痛風再次誘發出來。我建議她每天服用一湯匙冷榨亞麻籽油，或者每天一到兩湯匙亞麻籽粉，要在磨好後十五分鐘內服用，利用這種天然的食物清血毒。

這個食療方是一位名叫 Joe Ng 的讀者介紹的，這位朋友説：「十年的痛風，連服兩個月後已經痊癒。」

材料

小青木瓜　一個
綠茶茶包　一至兩個

做法

青木瓜洗淨去籽，連皮切片，用水浸過木瓜，慢火煮三十分鐘。

用煲好的木瓜湯水，沖綠茶茶包（例如桑葉茶、龍井、香片，烏龍），每星期飲三、五次，兩個月後，每星期飲一到兩次，當茶水飲。

新鮮百合湯

有心人讀者Kit亦來信分享痛風食療方：

「當年才三十出頭的五哥患上此症，我見證他只是食了一粒小花生米或一小片豆腐，個多小時後馬上手腳腫脹，不能下地，連水杯也拿不起，要啜飲管，就是薄紙一張落在他的腳上，他也痛得掉淚。他有戒口，比出家人更嚴，甚至漸漸抗拒飲食，因為害怕食物讓他受苦。鄰居介紹食用鮮百合煲瘦肉，每星期三次，一個月後，他找了一個長週末冒險測試這食療的功效，他早上吃了一粒花生和一小片豆腐，坐在家中靜待病發，家母亦嚴陣以待，出奇了，一天過去，甚麼事情也沒有發生！接下來十多年，他堅持每星期飲用這湯，沒有戒口，當然，量要節制，也再未為此症求醫吃藥了。這幾年，我另外四位兄長也有這症狀，他們亦是每星期飲用此湯一次，至今相安無事，不用戒口。」

在痛風發作的時候，每星期喝「新鮮百合湯」三次，在完全控制以後，才從第二個星期改為每星期一次，以後堅持每星期飲用這湯起碼一次。

要節制飲食，上天給我們一個擺脱痛苦的機會，如果自己不珍惜，不會有第二次的。

材料

鮮百合四個、瘦肉三兩、水五碗

做法

瘦肉切粒、汆水；瘦肉、百合用五碗水煲一個半小時，煲剩一碗左右，一次喝掉。

註

鮮百合在超市有售。汆水，就是把肉放在冷水中，水一煲滾就熄火，水倒掉，這樣可以減少肉中的嘌呤。

防治痛風加強版

除了前述的櫻桃、烏梅、青木瓜湯煮綠茶和新鮮百合湯，可減輕、治療痛風的痛楚外，以下的方法亦舒緩痛風的痛楚。

一、每天服用冷榨亞麻籽油及低脂肪芝士，譬如布緯食療，能有效改善痛風。

二、用鹼性泡浴粉泡腳和泡浴，可以有效舒緩痛風劇痛。

三、每天散步最少四十分鐘。

清血脂降血壓良方

清血脂、通血管、降血壓

以下介紹的食療方已被兩岸三地媒體廣泛轉載，而且已經有大量成功例子，是清血脂、通血管、降血壓的良方。

古方通血管

這是一位居住在倫敦的人的親身經歷，他去巴基斯坦開會的時候，突然胸口劇痛，後來被醫院驗出來，他的三條心血管已經被嚴重堵塞，需要做搭橋手術。手術的時間是一個月以後，在這期間，他去看一位 Hakim，就是回教國家對古法治療師的專稱，這位 Hakim 讓他自己在家中做一個食療，他吃了一個月，一個月以後他去同一家醫院做檢查，發現三條血管乾乾淨淨，原來堵塞的地方已經全通了。

他是一位虔誠的回教徒，為了讓更多的人受益，他把自己的經驗放在網上分享。

材料

生薑、蒜頭、檸檬、有機蘋果醋二百五十毫升、純天然蜂蜜二百五十毫升

做法

一、生薑、大蒜和檸檬同去皮，分別放入榨汁機（需要將渣與汁分開），如此得到一杯薑汁，一杯大蒜汁和一杯檸檬汁，各二百五十毫升，即共七百五十毫升。

二、把三種汁倒入瓦煲中，然後倒入有機蘋果醋——五巴仙酸值。將它煮沸，然後再慢火煮，不蓋鍋蓋，讓水分蒸發，前後約三十分鐘。得到兩杯半至三杯的份量。

三、擱一旁完全放涼後，倒入純天然蜂蜜，攪拌均勻，然後保存在玻璃瓶內。

註

一、在冰箱中可以保存一個月。

二、每天早上空腹吃一湯匙或加入約一百毫升溫水飲用，可加入適量蜂蜜調味。胃較為敏感的人士可以加入更多的水，以飲用後不覺得刺激的濃度為宜。有胃病的人可能不適合。

「古方通血管」已經與讀者們互動超過幾年，不斷有用家反饋用後的效果，歸根結柢都是一句話：真的有用！這劑簡單的古方改善了血管健康，在實戰中得到肯定。這個食療已經有現成產品，名字叫「古方路路通」，請參考《食療主義》章節。

三、自製的古方通血管有時候會變成綠色，這是因為蒜頭遇到酸後產生了無毒的蒜蘭素和蒜黃素，是無害的，它有很強的抗氧化能力。溫度與變色也有關係，但不影響質量。

讀者的實戰分享

April 小姐：「我把這個古方介紹給朋友，血管真的通了，她吃了一個星期以後，連經也通了。對糖尿病也有療效，我的朋友糖尿病二型，加上心臟病。在過年的時候心臟不舒服，我向她推薦這個古方，到了三月左右，她說血糖已經下降到幾乎正常，不過在這個週末的時候（五月初），她說曾經試過血糖太低而頭暈，要進醫院，因為她服用古方之後沒有及時減藥」。

「在過去兩個月，她喝了一千二百五十毫升，有時候一天喝兩湯匙。血糖正常回到五後她不知道，還是繼續服藥，後來就頭暈。」

這位患者太想快點把血糖降下來，她不知道血糖太低一樣危險，所以忘了減藥，另一方面，她又加重古方的每日份量。一水杯是二百五十毫升，一湯匙是十五毫升，這樣算起來，她是每天喝兩大湯匙，而正常的份量是一湯匙，還加上繼續服藥，而且在血糖正常後還服藥哩！

盧太：「做了幾次古方通血管療法，原來壞膽固醇3.5，現在吃了半年後已降到2.8，特別是沒從前那麼怕冷，也沒感冒過。」

古方也通了經

「古方通血管」顧名思義本來是通血管的，想不到有個意外驚喜，更年期初期的讀者反饋，這個古方也重新通了經。

鹽蛇小姐：「我是較早出現更年期的女性（未到五十歲），本身比較氣虛血弱、長期失眠，就是思想多，沒有瞌睡感覺那種。近兩年身體比較差，內分泌失調、肝腎陰虛、尿頻、血壓偏高、心腦血管都不好，今年開始常有頭痛、閉經、還覺得心肺部位有一點揪痛。自今年一月來過月經後至八月都沒有來了，但自從八月尾我開始服用嚴先生在專欄上介紹的通血管古方，居然第二天早上起來有月經來了，真開心呢。其後食用了差不多一個月，九月份月經又來了，這次量還很多。我的心肺本來有點揪痛，開始食用頭幾天，本來揪痛的地方更覺明顯，像透不過氣來似的，立刻喝口水便沒事了，連續幾天後就再沒有此現象了，心口舒順多了。在這個月來我的睡眠質素也有明顯改善。本來從十多歲起至現在三十多年，我一直都很難入睡的，在床上可能要躺三至六小時才能入睡，最近一年還發很多夢，自從飲用了古方通血管，我就有瞌睡感，很快入睡了，小便也少了，當未能入睡時是頻尿狀態的。」

要服用多久？

在證實有血管堵塞、或者血脂高的情況下，連續服用兩個月，請醫生再驗血管與血脂。以後每一季服用一個月，作為養生保命。

一個很重要的提醒

古方通血管會改善血壓及血糖，如果有人在服用此等藥物時又服用通血管古方，請留意監測血壓及血糖指數變化，有必要及時請醫生減藥。

可能不適合胃病患者，胃病患者請參考下文「黑木耳」。

黑木耳，血管的清道夫

有胃病的讀者可能比較適合這一個方法。

黑木耳是血管清道夫，中醫稱，黑木耳入胃、大腸二經，養胃健脾，降低血漿粘度。

黑木耳湯

材料

黑木耳二兩、瘦豬肉二兩、去核紅棗五個、生薑兩片、清水適量

做法

黑木耳在水中浸透，加入瘦豬肉、紅棗、生薑，用適量清水煮一小時得湯汁約兩碗，每天清晨空腹喝下，餘渣斟酌食之。素食者不需要加肉。

除了黑木耳湯，黑木耳有多種不同的吃法。

黑木耳糊：

把以上黑木耳湯水連木耳、生薑、紅棗一起攪拌成羹，適量調味。如果個子小，這可以是兩、三天的份量。

黑木耳舞茸菇糊

黑木耳三至五朵，舞茸菇兩至三個，用清水浸約一小時，然後加入去核紅棗五顆，生薑兩片，煮熟後，大概有兩杯分量，待涼，放進攪拌機攪拌成糊，吃的時候加入適量蜂蜜，早上空肚一杯，晚上睡前一小時再喝一杯。

涼拌黑木耳

黑木耳浸泡後煮熟，搭配生洋葱薄片、蒜泥，加上麻油、豉油、香菜（芫茜），一起涼拌。煮過豬肉湯的黑木耳也可按此法涼拌。這些食物都是降血脂的良藥，關鍵在每天吃。

讀者的實戰分享

Ada：「我一定要與你分享食療成果。四月九日開始食布緯，早午各一次，只在上班日子進行，假日就用『白背黑木耳降血壓秘方』，戒掉咖啡、食素、食粗糧。四月二十八日再做檢查，膽固醇是4.9（三月二十六號是7.3），各指數都很好，蛋白質有少少低標準，但這個結果已令我太太太興奮。以前試過三個月不吃雞蛋、牛油、蛋糕，也試過減肥操，但膽固醇還是在6以上。我今次下定決心，得最後勝利。」

嚴浩按。

服用這個食療降血脂通血管，配合布緯食療事半功倍，「下定決心」不屬於選擇項目，是必須的，更必須加上飲食與運動配合。

膽固醇不是敵人

人體自己也製造膽固醇，如果沒有膽固醇，就沒有荷爾蒙，人就拜拜了。血管中脂肪太多會引起血管破裂，靠膽固醇修補，使血管沒有即時危險，被修補過的血管壁卻因此多了一個硬塊，引起潛在的被堵塞危險，因為這樣，這些犧牲自己救主人的膽固醇竟然被標籤為「壞膽固醇」。其實，如果沒有「壞膽固醇」，主人已經在第一時間死於血管破裂。

真正的敵人是血脂

高血脂引起「壞膽固醇高」、血管堵塞、冠心病、中風、大肚腩、糖尿病、癌症、老年貧血、大腦衰退、早衰老……。高血脂的原因，是食物太多、運動缺乏，因此，關鍵是降低血脂，不是針對膽固醇。

一個飲食健康、沒有血脂問題的人也會高血壓和膽固醇過高，那是長時間的壓力引起。壓力不一定來自精神上，長期逼自己吃太少、或者運動過量，對免疫系統也是壓力，引起內分泌失去平衡。腸道不健康，益生菌不足也可能會令「壞膽固醇」升高。吃水煮連殼蛋、蒸蛋，不會使膽固醇增高。蛋黃連蛋白一起吃，對健康只有好處，沒有一點壞處，反而分開吃會引起營養不平衡。

吃出好血管的食物

一、蒜頭。即使每天只吃一瓣蒜，已經能夠減少血液的粘稠度並降低血壓。

二、奧米加3脂肪酸。譬如魚、海藻、磷蝦油、亞麻籽、布緯食療等，是血管的清道夫和維修工，降血脂，降低各類發炎，降低血壓，降低血小板的粘稠度從而減少血栓。

三、食富含鎂的食物。例如豆類、牛油果、紅菜頭、菠菜等。成年人每天大約需要四百克鎂。七十五克青豆含一百毫克鎂，半杯菠菜含八十毫克鎂，十二粒腰果含五十毫鎂克，三十粒花生含五十毫克鎂。

四、豆腐或一杯豆漿。

五、黑朱古力或者可可增加HDL（高密度膽固醇）、減少LDL（低密度膽固醇），對降血壓有效，程度媲美藥物。可可不是可樂，請注意。

讀者的實戰分享

Carol：「本人大約四十九歲，有糖尿病約兩年，需要每十二星期覆診，約六個月抽一次血，醫生要我開始吃降膽固醇藥，我決定一粒藥都不吃，吃黑木耳、紅棗、舞茸菇，連續二十五天，然後驗血，報告出來如下：低密度膽固醇降至 2.9 度，糖尿平均血糖 7.2 度。好開心！」

降脂茶

再介紹一個專門降血脂的「降脂湯」，要配合健康飲食和適當運動功效才會相得益彰。

材料

丹參　十五克
首烏　十五克
黃精　十五克
澤瀉　十五克
山楂　十五克
水　八百至一千毫升

做法

先把藥材浸泡半小時，在煮的時候多放水，約八百到一千毫升，水滾後，轉文火煮十五至二十分鐘，然後連藥渣放進保溫壺中帶在身邊，當茶水喝一天。

鈎藤降血壓

這個案列發生在我自己家人身上。我家人被發現有高血壓，醫生説他的血管正常，是壓力形成的假性高血壓。家人本來經常運動，飲食習慣也不算誇張，但自從一年前退休後再創業壓力便來了，發現血壓高以後心情變得更緊張，結果血壓更高，試過高壓170、低壓105，原來是120／80。我建議他單泡「鈎藤」（中藥房有售）喝，四天後再量血壓已正常。但他同時在服用西藥，只在週末兩天停藥喝鈎藤茶，平時有五天吃藥，也喝鈎藤茶，這樣的結果是血壓輕微低過正常水準。他覺得很高興，我卻很擔心，因為低血壓比高血壓更危險，血壓太低會隨時暈倒和休克，如果用食療，應該在醫生的監督下慢慢減藥。

有關用鈎藤的參考資料：「血壓下降開始於服藥後二至七日，十日後降壓效果顯著，有時還可繼續下降，血壓下降的曲綫呈斜坡狀，顯示本品作用溫和。個別病例在服藥期間有回升現象，但波動幅度甚小，且不伴有徵狀惡化。據百餘例的觀察，隨着血壓下降，頭暈、頭痛、心慌、氣促、失眠等自覺徵狀亦相應減輕或消失。」

鈎藤茶

這個食療治高血壓、頭暈目眩、神經性偏頭痛，適合高血壓初起。如果高血壓已有一段日子，日用量加到二到二兩半，放入沸水中煮十五至二十分鐘，水過藥面，一天三次分服，四至六日為一療程。屬於第三期者可能無降壓效果，但有些患者的徵狀卻有明顯改善。

材料

鈎藤十至二十五克

做法

把鈎藤放在保溫杯加滾水，焗四十分鐘，喝完再續加滾水。

鈎藤不可以在沸水中煮超過二十分鐘，否則會破壞降壓效果。

決明子茶

如時間許可，抓一把綠豆與決明子一起煲湯，也是減血壓良方。

材料

決明子十五至三十克

做法

將決明子放進保溫杯加滾水，當茶喝一天。

草決明黨參山楂綠茶

這個焗茶很適合上班族，可當茶水喝，在辦公室也可調理身體，有降血脂、血降的療效。

材料

草決明八克、黨參八克、山楂片十克、綠茶四至五克、熱水適量

做法

保溫杯先用熱水燙過，放入所有材料（除了熱水）進保溫杯內，倒入熱水，焗半小時後飲用。

增強免疫力四法

雖然轉季有各式各樣的進補方法，但做好基本功也相當重要，以下是提升免疫力的方法。

一、礦物質營養補充品

眾所周知，基本五大營養元素是礦物質、維他命、碳水化合物、蛋白質和脂肪，其中缺乏礦物質會令人免疫力下降，甚至引致腦退化症及各種過敏或情緒病。現時土地污染、頻密耕種和濫用化肥等問題，令食物中的礦物質嚴重減少。城市人從食物吸收的微量礦物質比較生活在山區的民族低四倍，進食礦物質補充品是非常重要的。

二、腸道保健靠益生菌

腸道是人體最大的免疫系統，而腸道健康需要益生菌維持。益生菌幫助消化，也能降低血清中的壞膽固醇濃度，改善過敏，製造維他命和葉酸。很多人長期便秘、肚瀉或大便稀爛，便是缺乏益生菌所致。蔬果中的纖維由於無法被胃液消化，是益生菌的最佳食物，所以除了直接服用益生菌，應該多吃蔬果為益生菌製造良好生存環境。益生菌的生命並不長，需要經常補充，令腸道的菌叢保持均衡，如果益生菌數量不足，種類不全，身體會永遠處於亞健康狀態，會有各種慢性病痛。包括皮膚病、糖尿病、中風、癌症等等。

三、免疫力低的人應該先清血

先清血，減低細胞敏感發炎的機會。

清血可使用布緯食療，冷榨亞麻籽油中的亞麻酸有消炎功用，布緯食療的功能是讓細胞攝取足夠的奧米加 3 脂肪酸，使到細胞增加帶氧量，促進正常的新陳代謝。

四、排出重金屬

提升免疫力必須排出體內所積存的重金屬，重金屬中毒會損害各個內臟及免疫系統，造成情緒激動或抑鬱、焦慮、膽怯、疲倦、皮膚病、貧血、高血壓、痛風、頭痛、失眠、多夢、肌痛、腹痛、抖動、頭痛、噁心、嘔吐、便秘、體重減少、性慾降低、抽搐、昏迷、腎衰竭、精神智能障礙、神經行為異常、影響孩童發育、發展及智商低等等徵狀。

想排出體內的重金屬，需要豐富的葉綠素。因為重金屬入侵細胞後會在細胞外膜形成硬塊，葉綠素可令硬膜溶化。溶解後的重金屬成為重酸性垃圾，體內的礦物質會把這些垃圾處理掉，然後通過淋巴排出體外。排除身體中的重金屬有「食療主義」的葉綠素 ECM 排毒粉。

服用布緯食療和經常服用益生菌基本上老幼咸宜，但身體中是否有重金屬，或者需要什麼營養補充品，都因人而異。通常我會建議有需要的人先去「食療主義」做一個非入侵性的生物共振測試。

強化免疫系統沒有藥，也不可能用藥，但可以像練習強壯腹肌那樣，每天有意識地強壯免疫系統。免疫系統不可以低下也不可以亢奮，美國醫生Dr. OZ是個受西方正統醫學教育的名醫，他認為最有效的方法是氣功！其中包括太極一類的內家拳，也包括瑜伽和冥想。簡單到每天散步、深呼氣，都非常有效。

提升免疫力、強化自癒神經必需每天進食富含奧米加3的食物，使身體不容易發炎，其中首位當然是布緯食療，還有亞麻籽油、磷蝦油、蒜頭水等，還有桑葉茶、綠茶、洋蔥、紅菜頭、西紅柿、蒜頭、蘋果、各種水果蔬菜、薑、黃薑、適量的紅酒、補充維他命B群等，譬如十穀米一類的粗糧、或者營養補充品。

Dr. OZ推薦有食療作用的食物

菇類、蔬菜尤其十字花科的，例如：椰菜、西蘭花等，可可（超市有可可粉）、適量的咖啡，還有益生菌或者乳酪。

黃薑

咖喱中的黃薑（turmeric）竟然是世上最備受研究、最有療效的常用香料！它的療效主要來自黃薑中的「薑黃素」（curcumin），從過去五十年的研究顯示，薑黃素的功效可能覆蓋以下幾種：

一、抗炎：體內發炎是多重病症的共通點，包括肥胖、皮膚病、心血管問題、糖尿、高血壓、高膽固醇。

二、提升免疫力。

三、增加血液循環保護關節：改善人、甚至馬和狗的關節痛症。

四、調節基因活動：破壞癌細胞而保護健康細胞。

五、減低血管增生：防止增生的血管提供養分給癌細胞以及脂肪細胞，有餓死癌細胞和脂肪細胞的功效。

六、幫助肝臟排毒：減低谷胱甘呐的流失。

七、保護腦神經：幫助預防柏金遜和認知障礙症等腦退化病症。

黃金醬

黃薑中的薑黃素是脂溶性，所以食法要正確才有效。

材料

黃薑粉半杯、冷榨椰子油三份一杯（七十毫升）、鮮磨黑胡椒一茶匙半（大約三克）、水一杯（二百五十毫升）

做法

將黃薑粉和水混合，在鍋裏用慢火輕輕攪拌約七至十分鐘，令黃薑粉變成較為乾身的膏狀。

熄火，加入椰子油和黑椒粉，全部拌勻變成金黃色的醬。

攤涼後可放雪櫃保存兩星期，或分小包放入冰格保存更長時期。

食用方法沒有準則，可開始每天四份一茶匙一至三次，慢慢增加至半茶匙每天三次。或隨意加在早餐麥皮、飯菜、湯或飲品 smoothie 裏，加一點蜂蜜味道更好。這是方便自己經常食用黃薑的方法，也是根據實戰效果被證明對健康大有好處的食療。

黃薑一般不會食用過量，如果太多不能吸收，六至八小時後會排走，所以一次過吃太多也沒用，最好小量分批吃。

提高大人和孩子的免疫力

容易感冒、扁桃腺經常發炎、有鼻敏感，甚至有哮喘，應該用甚麼方法？用以下的食物和方法包圍自己吧！

一、布緯食療、或者冷榨亞麻籽油，服用方法見前文有關章節。
二、益生菌、蒜頭水。
三、避免用標明是「精煉油」的化學產品煮菜，宜改用澳洲堅果油、茶籽油、椰子油。
四、每天一湯匙有機椰子油混在食物中。
五、保暖。不可以冷飲、冷吃，要早睡。
六、每天多喝新鮮蔬果汁，加入小半個鮮榨檸檬汁更好。或者經常服用酵素，譬如木瓜素等。
七、早睡、運動。
八、在流感季節，不要等口乾才喝水，要把水帶在身邊，不時喝一小杯水，記住，當喉嚨缺水的時候，便是縱容喉嚨中的病原體發作的時候。

讀者的實戰分享

心急少女：「我二十三歲，由我出生開始，可能是雙胞胎、早產和不足磅，先天不足，由我懂事開始，身體經常感冒、喉嚨痛，有鼻敏感、輕微便秘，並且天天有口臭問題，別人向我反映，自己聞不到。曾試過密集式飲涼茶，但無效並弄巧反拙，身體感覺更弱。之後，看了多個牙醫同定期洗牙都是無效。五年看過七個中醫，一點起色也沒有。」

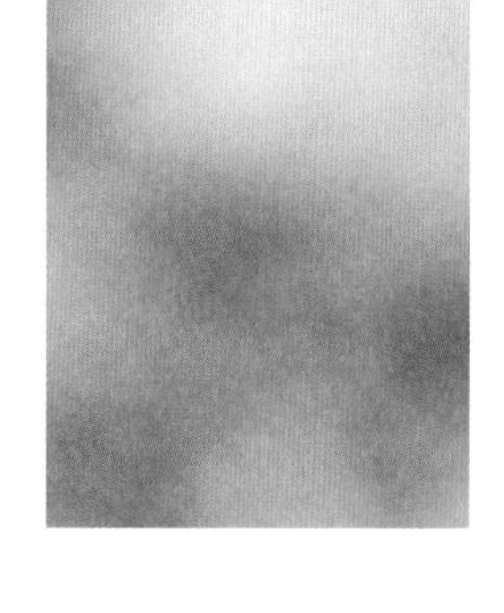

我建議她先調理身體

一、每天一湯匙冷榨亞麻籽油（可以混在水果中吃），一湯匙椰子油（混在食物中吃）。
二、每天用油拔法。
三、每天吃小米粥，當早飯或者晚飯，可以選擇加淮山、百合、番薯。
四、每天吃益生菌加蒜頭水。

心急少女：「我開始了油拔法，用的是冷壓椰子油，每日早晚各一次。水果混合亞麻籽油一起食，食物加入椰子油，每天一杯乳酪。一星期至少有四天吃小米粥，由於工作需要輪班的關係，未能每天都吃小米粥。開始了兩日後，我早上起床，全身都好累好重，頭有點痛，久不久發冷，應該是感冒。我堅持不食藥，用花椒、薑片煲水泡腳，隔日，我全身輕鬆了不少，頭也不痛了。可是，數年前的腳癬發作了，腳趾紅腫，痕癢，維持了兩小時，沒有塗藥膏，隔日，腳癬問題消失了。經過大約二十天的油拔法後，部分黃黃的牙齒變白了。這幾個星期，睡眠質素較以前好多了，少了發夢，一躺在床上五分鐘內可以入睡了。」

答：「是非常好的反應，這一套方法，把困在身體中的寒和濕清理了。腳癬發作了兩小時便消失，是典型的好轉前的鬼影反應。」

嚴浩按。

要改善免疫系統健康其實就是做好三件事：吃、消化、睡覺，其中改善脾胃健康是第一重要。這套書中提供的飲食方式全都為了改善和提升免疫系統。

蜂蜜、蜂皇漿

蜂蜜是自然界最強的抗生素，蜂蜜加水後產生過氧化氫（hydrogen peroxide 又叫雙氧水），有強烈的殺菌作用，人造抗生素中則含有化學合成的過氧化氫。蜂蜜水只需要七分鐘便進入血管，發揮抗菌消炎的作用，每天喝一、兩湯匙蜂蜜水很適合流感季節。

蜂皇漿同樣有很大的增加免疫力效果，但味道不是太好，有一個吃法：把蜂皇漿加在溫的蜂蜜水中攪勻，晨起空腹服用，這個方法還可以通便、消炎、修復受損組織。

蜂蜜不適合糖尿病引起的腎虛竭。

蜂膠

蜂膠可能是大自然中治療和預防傷風感冒、鼻塞、喉嚨發炎、口瘡的極品。市面有各種形式的蜂膠產品，有丸子、噴劑等，請找信得過的品牌。

蜂膠擴散器

一項義大利的科研資料顯示，如果你將蜂膠在82.3℃的溫度中霧化，蜂膠的抗菌力可以在空氣中發揮，消除空氣中的各樣細菌、真菌、病毒等。在開冷氣或者暖氣、或者緊閉門窗的環境中使用。這是一項有專利的新發明，詳細資料請參考「食療主義」網頁。

尤加利精油

用甜杏仁油以最少一比一的份量稀釋，用稀釋後的尤加利精油按摩整個前胸和後背，前胸從喉嚨開始，後背從頭髮線開始。尤加利是強效的精油，必須稀釋，尤其當用在孩子與嬰兒身上時必須謹慎。高血壓與癲癇患者最好避免使用。不能接觸眼睛，不能內服。

漱口功

漱口功可以減少四成感冒，這是日本京都大學保健中心所長川村孝教授研究所發現的。當患感冒時，常常發現喉嚨發炎紅腫，那是附着在喉嚨的病原體惡化所致。漱口並在喉嚨發出咕嚕咕嚕聲，會有預防感冒的效果，即使只是用自來水漱口，都可以減少四成感冒，比漱口藥水效果更好。

開始時，京都大學的研究團隊針對日本各地三百八十四名大約十八歲的志願者，分成以自來水漱口、與含碘漱口藥水（Povidone-iodine）漱口、未漱口三組，進行兩個月追蹤調查，每次漱口兩次，每次十五秒，每日進行三回以上。結果顯示，與未漱口組相較，自來水漱口組的感冒發病率減少四成，使用具殺菌效果的含碘藥水漱口組則只減少一成。漱口可以去除附着在喉嚨黏膜上的感冒病毒，預防感染，但是含碘漱口藥水殺菌效果過強，反而驅逐了作為屏障的有益細菌。

漱口方法

一、先含一口自來水，去除口內的食物渣滓，吐掉。

二、重新含一口水，從喉嚨發出咕嚕咕嚕聲，一次五秒以上，吐掉。

三、重複含水、漱喉嚨的動作，共六次，不少於共三十秒。每日進行三回以上。

一個簡單的動作，有時候能發揮大作用，不過要養成習慣才起作用。

淡鹽水漱口治喉炎

在美國也有關於漱口法治上呼吸道感染的研究，其中更傾向於淡鹽水漱口，鹽水為甚麼有效？

一、鹽袪濕，有滲透作用。鹽在喉嚨中把病菌的水分擠乾，使病菌無法生存。鹽同時把發炎紅腫組織中所困住的水濕排掉，等於有消炎的作用。

二、鹽有清洗的作用，可以把鼻子後面的鼻水和細菌排走。

三、最重要的，是在喉嚨和鼻腔之間提供了一個鹽鹹的環境，使細菌無法生長。

重要提醒

一、不要把鹽水吞下肚，身體不需要過度的鹽分。

二、水不要太鹹，鹽分太高會把喉嚨組織的水分擠乾，反而會引起更嚴重的發炎。鹽水嘗起來有一點鹹已經適合。

三、每次漱口漱三次，每次十秒；一天三到四次。強調是淡鹽水！

鼻水倒流

鼻水倒流，中醫的說法是「腦漏」。由於鼻腔藏在後面，這個毛病很難治，用淡鹽水沖洗鼻腔，在喉嚨和鼻腔之間提供一個鹽鹹的環境，使細菌無法生長，可以把鼻子後面的鼻水和細菌排走，也使細菌無法生長。

藥房有現成的生理鹽水，即鹹度與汗液一樣。如果自己調，要用好的天然鹽，不要用餐桌上的精煉鹽。還可以用噴鼻子用的蜂膠，最好是兩者都用。建議配合布緯食療或者冷榨亞麻籽油食療，提升身體抵抗力。

健康小提示

若不慎有傷風感冒，以下的小提示可讓你舒緩因鼻塞而影響的睡眠、呼吸。

一、不可以大力擤鼻涕，否則鼻涕會被壓回鼻腔，弗吉尼亞大學的科學家建議每次只輕輕擤一個鼻孔。
二、睡覺時挺直身體、墊高頭部，可以舒緩鼻塞。
三、將嬰兒豎直抱起可以舒緩鼻塞。
四、醫生認為，牛奶中的蛋白會造成鼻涕阻塞。

乾咳、長期乾咳

乾咳一般從感冒開始，或者從乾燥的天氣開始，譬如好像秋天，或者吃多了煎炸燥熱食物，或者多喝了酒，以致肺陰燥傷。乾咳的症狀是無痰，或者即使有痰但也量少而且黏稠，最有機會是黏在喉嚨中咳不出來，鼻屎乾而硬，喉嚨也乾，這種咳嗽最要命，咳的時候越咳越止不住咳，咳得喘不過氣，捶胸頓足，連扯到胸腹翳疼，發病的時候，痰涎帶有血絲，那是微血管被咳破了。還有可能大便乾結，小便黃等。身體溫度也失衡，表面肌膚是寒的，但身體卻很熱，一身一身的出冷汗夾熱汗。

甘草與蕎麥花蜂蜜

一天嚼五、六片甘草可以治喉嚨發炎、咳嗽，還可以化痰。

根據多國研究，蕎麥花蜂蜜也是治療咳嗽和哮喘的高手。根據這些研究，我努力把蕎麥花蜂蜜引進香港，在這以前，本地從來沒有這種以藥用為主的蜂蜜。蕎麥花蜂蜜的味道有點大，但只要有效，味道大點又何妨！

讀者Yoyo Wong經常喉嚨痛、咳嗽，她來信說從我的文章中得到恢復健康的線索：「蕎麥花蜜加黃薑粉，再加上經常嚼甘草，不但幫到我的喉嚨痛，連咳嗽都治好了，自此不再需要用醫生的抗生素……」

蜂蜜含有抗氧物和殺菌劑，能舒緩喉嚨和分解氣管中的痰涎。在《兒童和少年醫學檔案室雜誌》（The Archives of Pediatric and Adolescent Medicine）中曾經報導以下的一個實驗，由美國賓州大學醫學院（Pennsylvania State University）兒科醫生主持，國家蜂蜜委員會贊助，是隸屬於農業部下一個業界贊助的部門。

科學家隨意找來一百零五個孩子和少年做了一個雙盲的科研，他們都患有上呼氣發炎引起的咳嗽，他們被分成三組，一組沒有藥，一組服用一到兩茶匙的蕎麥蜂蜜，第三組服用一劑放了蜂蜜的美沙芬，結果，服用蕎麥蜂蜜的一組改善了睡眠、舒緩了咳嗽的頻繁和嚴重性。

二零零四年有一個類似的科研，刊登在同年的《小兒科雜誌》（Pediatrics），一百個患有上呼吸道發炎的孩子已經咳嗽了平均超過三天，孩子們分別服用含有美沙芬的糖漿，含有抗組織胺劑（antihistamine）的糖漿，和不含西藥的安慰劑，其中只是含有蜂蜜的水。三組孩子的咳嗽都緩和了，但服用蜂蜜水的一組成績最好。

有治療效果的蜂蜜以蕎麥花蜂蜜為代表，吃法比較隨意，原則是不可以直接加入滾燙的水稀釋，高溫會殺死蜂蜜中的益生菌，小孩一至兩茶匙，先加冷水再加熱水，如果再加入鮮榨檸檬汁效果更好，一天一次到三次都可以，臨睡前要服用一次，可以每天服用，也可以當波板糖一樣，慢慢讓匙羹的蜂蜜在口中溶化。蕎麥花蜂蜜還可以改善過敏體質，我的讀者中，有一位媽媽讓家中兩個患有哮喘的孩子服用蕎麥花蜂蜜，結果哮喘控制住了。建議鼻敏感的患者也可以試試。

一歲以下的孩子可能不可以吃蜂蜜。

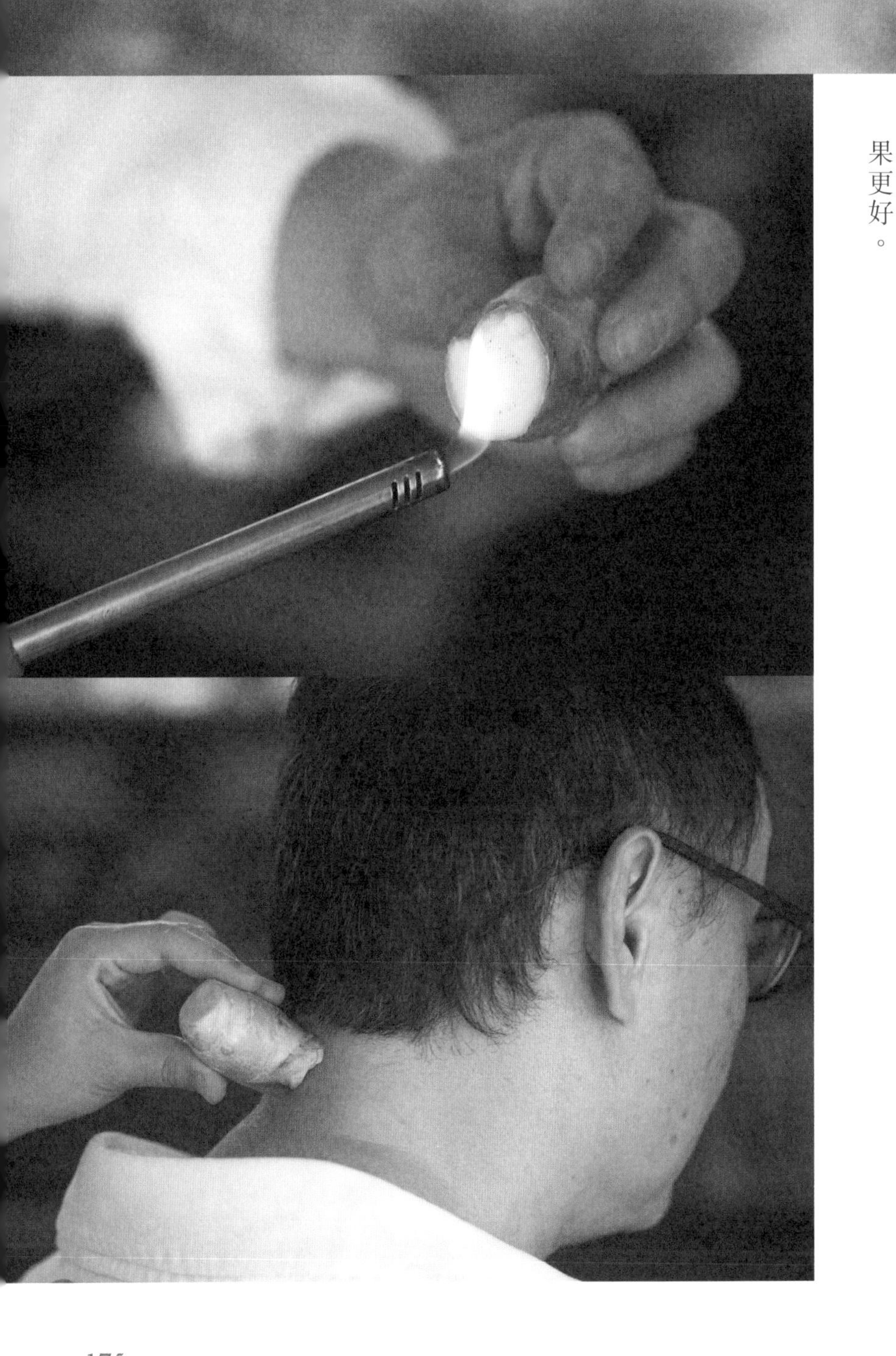

火燂薑

這是個中醫介紹的方法，專門治療長期乾咳。

用一塊老薑，切開，單面用火烤（燂）熱，在頸後衣領位置的頭髮線、與第一節頸椎骨之間輕擦，每天擦，擦三、五分鐘。不要擦破皮膚。連續用半個月。如果加上油拔法效果更好。

熱洋葱汁

咳嗽起因多種，先不講其中道理，這個方適合以下人群：如果咳嗽不停又是入秋以後更加嚴重，或者因為感冒以後長期咳嗽不停，可以這樣開始。

材料

大洋葱一個，去皮，切絲。

做法

洋葱絲放入碗內，隔水蒸約三十分鐘。

註

絕對不要在洋葱中加水。蒸出的洋葱汁不多，小口喝掉，臨睡前服用。如果可以早晚服用一劑更好。能夠加上泡腳就更加有效。

有人吃一次就有效，如果有效仍然要連服三天，建議加上服用「龍脷葉馬蹄豬肺湯」調理身體最理想。

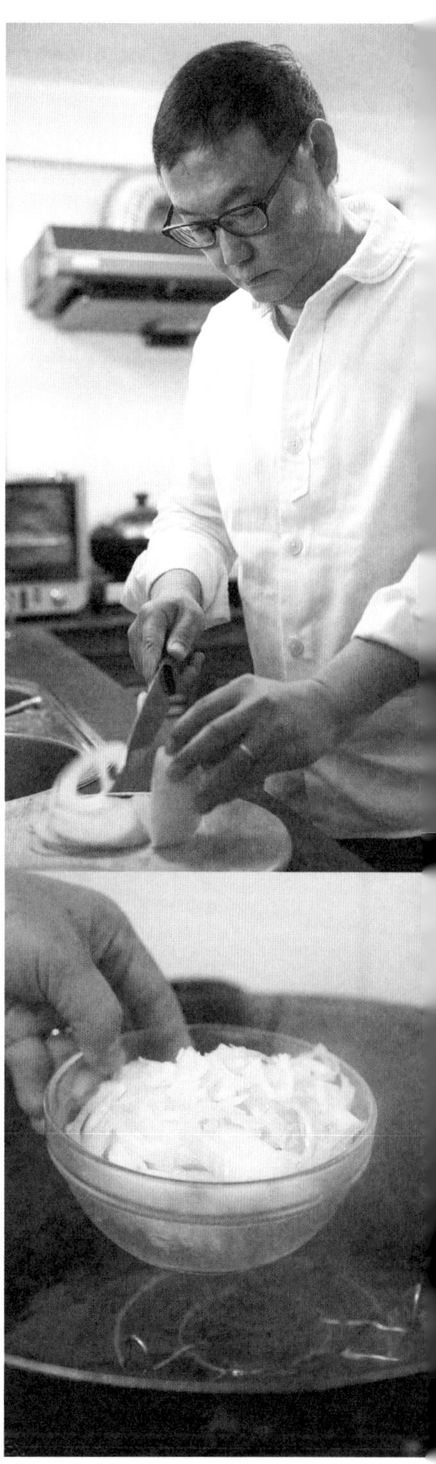

龍脷葉馬蹄豬肺湯

建議這湯配合「熱洋葱汁」一起喝，其實在秋天的時候，這湯適合全家大小經常喝，清熱潤肺最好了。

材料

龍脷葉一兩、南北杏共一兩、去皮馬蹄五兩、豬肺一個、水適量

做法

豬肺洗淨，切大件，用白鑊炒至沒有水分。煲滾水，放入所有材料，先用大火煲滾，再改用中慢火煲兩小時即成。

註

這湯不用下鹽調味。可以分一、兩次空腹飲用，連喝三天。先喝湯，睡前再喝熱洋葱汁。

新鮮龍脷葉

陳皮紫蘇飲

材料
陳皮二片、紫蘇六至八片、熱水一杯

做法
用一杯熱水泡陳皮、紫蘇半小時，趁熱飲用。

四豆飲

材料

黃豆二十粒、黑豆、綠豆、白芸豆各十五粒、水適量

做法

將四豆用水煮至稀爛，取濃湯溫服，隨煎隨服，勿放涼或隔夜。

註

白芸豆又名白飯豆

熱水袋治夜咳

好朋友占士著涼後嚴重咳嗽，一位中醫教他在睡覺的時候放一個熱水袋在背上，結果成效斐然，咳嗽大大舒緩，起碼可以睡個好覺了。我們著涼以後，身體發冷發熱又鼻塞，這是寒氣入肺，肺腧穴在我們的背上；我們平時身體一覺得冷首先就想小便，這是因為膀胱經主一身之表，而膀胱經在我們背上；著涼後抵抗力下降，那是寒氣入侵了督脈，人要健康就要保持督脈的陽氣，督脈也在我們背上；所以著涼後，將熱水袋灌滿熱水，用薄毛巾或布包好敷在背部提高身體溫度，可使呼吸道、氣管、肺等部位的血管擴張，促進血液循環，可以止咳、治感冒，提高抵抗力。這個辦法也適合寶寶們，孩子進了寒氣，用熱水袋放在寶寶的背上捂出汗來，關鍵是在孩子出汗的時候，媽媽要不停地用熱的乾毛巾幫寶寶把汗擦乾，道理就是把寒氣排出，也可以不停地用媽媽溫暖的手在寶寶的背上按摩直至出汗，記得要補充喝暖水、多小便，這樣第二天就會緩解，重複幾次就好了。

嚴浩按。

感冒的時候吃任何藥都需要一個星期左右才會復原，西藥只會壓住咳嗽、鼻子塞等癥狀，並沒有好，而且還把細菌關在了身體中，事實上是世界上不論中外都沒有一種藥可以馬上治好感冒，我們能做的只有在感冒的過程中幫助身體把寒氣引導到體外去。

熱水袋、蕎麥花蜂蜜、淡鹽水漱口都有效，如果再加上晚上泡腳，寒氣走得更快，幾樣方法加起來，感冒癥狀一定減輕。

泡腳法

泡腳的關鍵是要讓自己發汗，找一個高一點的桶，去超市買花椒，用一把花椒煮在沸水中五分鐘左右讓味道出來，倒在水桶中，加涼水，在雙腳習慣暖水後，慢慢添加滾水，但千萬小心不要燙到腳，加到幾乎無法忍受的熱度為止。細節要注意：要用毛巾完全蓋住膝蓋與桶口，讓蒸氣一點也出不去。屋中要暖，不能有風。要穿得厚一點。這樣泡二十分鐘之後便開始發汗，到四十分鐘左右的時候，已經全身汗濕透。之後要立即抹乾腳與換全身衣服，不要洗澡，立刻上床，這樣才有療效。可以在泡腳前先洗澡，在泡腳過程中多喝熱開水。

小孩子泡十五到二十分鐘已經足夠，溫度要注意不可以太高，看見皮膚微微發紅就可以了。糖尿病與痛風、高血壓、孕婦也應該注意溫度和泡的時間。

東坡養生法

蘇東坡對養生既有鑽研又有實踐，他甚至自信到給皇帝上書推薦自己的養生之道。在《東坡養生集》中，他這樣記載：「東坡黎明即起，盤腿而坐，先叩齒數十下。」即合攏嘴唇，上下牙互叩，要叩出聲。「隨後吐故納新，待氣滿腹，再徐徐吐出。」這個腹式呼吸法要稍微練習：

一、吸時用鼻，深深一吸到小腹，想像自己小腹處是個氣袋，把鼻中吸進來的氣扯進了袋中。

二、一呼一吸中間稍微停一停。

三、呼氣的時候比吸氣慢。隨着氣徐徐呼出，想像整個身體也「化」了，好像一滴水進了一湖泛着金光的水裏，一點痕跡也不留下。

這樣吐納幾次之後，「然後按摩湧泉穴、眼面及耳項，直至發熱。」湧泉在腳心靠上的部份，用拇指摩擦。左右腳輪流擦熱了，便將兩手心互擦至發熱，捂在雙眼皮上，然後擦面。面頰熱了，擦雙耳。待雙耳也擦熱了，便擦後頸。「最後梳髮百餘次。」主要是用手指按摩頭皮百餘次，不可以摩擦頭髮，破壞髮根。他說：「此法甚效，初不甚覺，但積累百餘日，功用不可量，勝之服藥百倍。」連做百多天之後，治病功效好過吃藥。

蘇東坡除了每天起床做的吐納按摩法之外，平日作息間也做自我放鬆法：鬆弛地坐在椅子上，不要靠，背要挺，腰要鬆，雙手分放在兩膝上，頭頸正直，下巴微收，眼半閉，先深深一吸到小腹，徐徐吐出濁氣，隨後自然呼吸，意守小腹丹田，呼吸的同時，用舌頭在嘴裏上下左右攪幾次，重複十多次之後，把口中津咽徐徐吞下，然後叩齒三十次，之後，舌抵上齶，靜靜地數呼或吸的次數，從一數到十，再從十數到百，數時要專心，計清數目，坐得時間越長越好。

蘇東坡說：「無事此靜坐，一日是二日，若活七十年，便是百四十」。就是說，常練這個方法，可以整日都精神抖擻，腦中不會缺氧，四肢也有力，你一日擁有的能量等於人家的兩天。

攪舌法

教我攪舌法的是一位內家拳高手，後來出了家，她在年輕時被嚴重燒傷，全身被繃帶包緊，躺在床上連手指也沒法動，唯一可以動的是舌頭，她便每日攪動舌頭千百下，她住在鄉下地方，缺醫少藥，就靠這個方法救了自己一命。攪動舌頭的時候，帶動身體中的液體循環，促進新陳代謝，使舌底生津，這樣人便「活」了，「活」字便是舌上有水。

攪舌法，是上下牙輕輕扣攏，舌頭在嘴裏上下左右地攪，先從左邊開始攪，再以右邊開始攪，反反覆覆地做，時間不限，次數不限，等車看電視都可以，每天這樣做，首先得益的是脾、胃、腸等消化系統，繼而滋潤心肺。

提肛法、飲水提肛法

提肛，或叫縮肛，是像忍大便一樣縮一下肛門，要稍用一點力，慢慢做。練習提肛法、或者飲水提肛法，對痔瘡、脱肛、胃下垂、腎下垂、子宮脱垂、生殖系統、前列腺、小便不利、尿失禁、遺精、滑精、早洩、帶下病等都有很大幫助，還可提高性慾、增強性功能。下肢靜脈曲張是因為血液上升不利，提肛促進氣血運行，所以也有幫助。

飲水提肛法：每天早上喝第一杯水的時候，喝得很慢，一杯水分三十小口、到五十小口，越多越好，每吞一口，提肛一次。這個方法也鍛練喉嚨吞嚥的肌肉，有些老年人會吞嚥困難，每天堅持鍛練，老來便舒服多了。我注意到下肢逐漸衰弱的人，吞嚥能力也隨之減弱，不要以為肛門與喉嚨隔得遠便沒有關連，它們的肌腱是相連的。提肛法任何時候都可以做，不需要連飲水，每次做一兩百下。

飲水提肛法的親身經驗

讀者蔡竹筠説：「尤其我想分享提肛飲水法。我十二年前生過孩子後便長了一粒黄豆般大的小痔瘡，不會出血亦不痛，因此醫生建議觀察，不用開刀，雖然是不大影響身體，但在坐下或如廁時亦有些微不舒服。進行飲水提肛法兩個月，不單是早上，每飲水便做，那如黃豆的小痔瘡已縮回。醫生説尚有突起，但已沒有外露，醫生亦同意這提肛法確實能收縮鬆弛了的肌肉。十分感謝您的方法。」

Bone Broth with Collagen

INGREDIENTS

- chicken or duck: bones of a few whole chicken or duck, or a whole chicken or duck with skin, feet and guts, OR
- beef, lamb, pork: large bones with joints, neck, backbone or rib with skin and flesh, OR
- fish head, bone, left over shrimp and crab shells
- organic apple vinegar; chopped onion; chopped carrot; celery; coarse sea salt; freshly ground black pepper; 1 stalk of coriander or parsley (for use later). The amount of vinegar, vegetable and seasoning depends on the amount of the bones.

METHOD

Put water and the bone/meat of choice in a pot, bring to a boil and blanch for 3 minutes. Discard the water. Pour in clean water and 30-60 ml of apple vinegar and bring to a boil. Add vegetables (except coriander) and black pepper. Cover the pot and simmer over low heat for 3 hours or more, or to save power, put in a vacuum cooker for 4-5 hours. Remove from heat, add coriander and cover for 10 minutes. Strain the broth and season with coarse sea salt. Transfer into plastic freezer bags or air-tight glass containers. They can stay in the refrigerator for 7 days, or 3 months in the freezer.

IMPORTANT NOTE

Acid, like vinegar or wine, must be used to break down the minerals in the bones for the best effect. The broth would become like jelly in the refrigerator, and back to liquid after heating. The more time you boil the broth, the more concentrated it would be. It could also be used as stock.

BENEFIT

The broth is full of gelatin, collagen and minerals like calcium, magnesium, phosphorus, selenium and sulphuric acid, and glucosamine and chondroitin, all beneficial for joints. The broth can promote bone, joint, skin and organ health.

Millet porridge

INGREDIENTS

1/4 small cup millet (the cup that comes with your rice cooker)
2 litres water

METHOD

1. Soak millet in a cup of water overnight. Drain. Rinse with water again.
2. Boil 2 litres of water in a pot. Put in millet. Reduce to medium heat and cook uncovered. The water should be simmering and not boiling.
3. When the mixture thickens and starts to splatter, reduce to low heat. Cover and cook for 10 more minutes.
4. Turn off the heat and let the millet porridge cool down to a temperature suitable for serving.

VARIATIONS

Millet porridge with Dang Shen

Use a stem of Dang Shen about 10 g in weight. Rinse it and cut into short lengths. Soak in water overnight and keep in the fridge. Put Dang Shen and the soaking water into a pot. Add enough water to make porridge later. Bring to a boil, reduce to low heat and simmer for 30 minutes. Take Dang Shen out and discard. Add millet and cook until soft and delicious.

MILLET PORRIDGE WITH SEA CUCUMBER

Soak dried sea cucumber in water for 2 to 3 days. Drain and refill with fresh water twice throughout the process. (This is just for reference. Different genres of sea cucumber may require different soaking time.) Remove the innards from the re-hydrated sea cucumber. Rinse well. Boil water in a pot. Put in spring onion and sliced ginger. Add sea cucumber. Cook in low heat for 10 minutes. Remove sea cucumber and cut into strips. In a frying pan, heat up 1 tbsp of oil. Stir-fry some ground pork until done. (You may skip this step if you don't want pork in your porridge.) Put in the sea cucumber strips and stir again. Add water or chicken stock. Season with soy sauce or salt. Cover and cook over low heat for 30 minutes. In the meantime, cook millet porridge in another pot. When the millet becomes soft and porridge-like, add the cooked ground pork and sea cucumber mixture from the pan. Stir well and cook for 10 more minutes. Serve.

Carrot rice

INGREDIENTS

2 medium or 4 small carrots (diced, about 300 ml in volume)

1 tbsp Macadamia nut oil

1/2 tsp salt

1 small cup* rice (*the cup that comes with the rice cooker)

**The amounts listed here are for making 1 small cup of rice. If French beans or string beans are used instead of carrots, 400 ml of diced beans are required as they tend to shrink more than carrots.

METHOD

1. Dice the carrots.
2. Put 1 tbsp oil in a pan. Stir-fry diced carrot over medium-low heat for 5 to 10 minutes. Add 1/2 tsp salt. Cook until carrots soften and turn golden while drying up on the surface. Turn off heat.
3. Start cooking the 1 small cup rice. In the last 10 minutes of the rice cooker's cooking cycle, add the cooked carrots. DO NOT stir the mixture. Just let carrots sit over the rice. Cover until the cooking cycle is complete. Stir, fluff up the rice and serve.

NOTE

If using French beans or string beans, just stir-fry until golden on the surface in step 2. Add them to the rice halfway through the cooking cycle, as beans take longer than carrots to be cooked till tender.

Quinoa black glutinous rice

INGREDIENTS

2/3 small cup* quinoa (*the cup that comes with the rice cooker)

1/3 small cup* black glutinous rice

1 cup water

METHOD

1. Soak quinoa and black glutinous rice in water overnight. Drain. Rinse with fresh water.
2. Transfer quinoa and black glutinous rice to a rice cooker. Add 1 cup of water, 1 tbsp coconut oil and a pinch of salt. Turn on the rice cooker in basic mode and cook through the cycle. Fluff up the quinoa mixture and serve.

Stir-fried tomato

INGREDIENTS

1 tomato

freshly ground black pepper

a pinch of salt

METHOD

1. Use a knife to make a light crisscross cut on the bottom of the tomato. Blanch in boiling water for 2 minutes. Rinse in cold water. Peel the tomato and cut into chunks.
2. Heat 1/2 tbsp of Macadamia nut oil in a frying pan. Add the tomato pieces. Stir fry over low heat. Cover and cook for 1 minute. Stir again. Cover and cook for 1 more minute. Sprinkle with freshly ground black pepper and a pinch of salt. Serve.

Multigrain rice with nuts, seeds and beans

INGREDIENTS

red beans
red rice
black rice
black glutinous rice
brown rice
chick peas
lentils
Job's tears
fox nuts
walnuts
lotus seeds
any other grains or nuts of your choice
** Feel free to use any grains or nuts you like. You may also use them in any amount you want. Generally speaking, the same amount of each type of grain, should be used for balance. Mix them well and store in a sealable glass jar.

METHOD

1. Soak 1 cup grain, nuts, seeds and beans mix in water overnight. Drain (you may use the soaking water to water plants). Rinse with fresh water and drain again.
2. Put the mix into an electric rice cooker. Add 1 cup of water. Turn on the cooker in basic mode and cook through the cycle. Fluff with a fork and serve.

VARIATIONS

1. Once you put the multigrain mix into the rice cooker, arrange finely diced sweet potato and fresh yam on top. During the cooking process, add 1 tbsp of cold-pressed coconut oil and 1/2 tsp of salt. That would soften the dietary fibre a little and add an extra tasty dimention to the porridge. Alternatively, you may also stir cold-pressed coconut oil into the hot rice before serving.
2. Multigrain rice makes a nutritious breakfast. You may also put 3/4 bowl of multigrain rice into a blender. Add 100 ml hot water. Blend until fine and serve it as a multigrain puree. It is good for all ages as it's easy to digest and for the body to pick up the nutrients.

Chia Seeds honey drink

INGREDIENTS

1 tbsp Chia seeds
500 ml water
2 tsp honey

METHOD

1. Add Chia seeds to 500 ml water. Stir to mix well.
2. Let sit for 20 minutes until the Chia seeds have expanded. Stir in honey, mix well and serve.
3. Alternatively, add 1 tsp of bee pollen to give this drink more flavour and nutrients.

Red date tea with Dang Shen

INGREDIENTS

10 g Dang Shen
10 red dates
1 litre water

METHOD

Rinse Dang Shen well. Soak it in water for 12 hours or overnight (do not drain the soaking water). De-seed the red dates and cut in half. In a pot, add 1 litre of water. Put in the Dang Shen along with the soaking water. Add red dates. Boil for 30 minutes. Strain and serve throughout the day as an alternative to drinking water. This tea can also be used to cook multigrain rice in place of water for added taste and nutrition.

Homemade cabbage Kimchi

INGREDIENTS

1 Napa cabbage (about 1.2 kg)

SEASONING PASTE

4 tbsp fine Gochugaru (Korean red pepper flakes)
5 tbsp coarse Gochugaru
3 tbsp fish sauce
1 tbsp brown sugar
30 g ginger
30 g garlic
2 apples (cored and peeled)
1 small onion
100 g white radish (or carrot)
4 tbsp long-grain rice flour (or glutinous rice flour)
400 ml water

METHOD

1. Rinse every cabbage leaf well. Rub sea salt on both sides of each leaf. Stack them flat in a container. Put weight over and leave them overnight. Rinse each leaf with cold drinking water the next day. Vigorously squeeze out the liquid.
2. Put apples, onion, ginger and garlic into a blender and puree.
3. Finely shred radish.
4. To make the seasoning paste, mix rice flour with water. Heat the slurry in a pot over medium heat while stirring continuously until it bubbles. Turn off the heat. Put in all remaining seasoning paste ingredients. Mix well. Taste and season to achieve a preferred taste.
5. Put on disposable gloves. Smear the seasoning paste on both sides of each cabbage leaf. Stack cabbage leaves flat in a glass container up to 80% full, so as to leave room for the gases that will be produced in the fermentation process. Cover and leave it at room temperature for 24 hours in summer. In winter, keep the container at 30°C for 24 hours. Then store in a fridge. The longer it is left in the fridge, the sourer it gets.

NOTE

Gochugaru isn't very spicy. You may put in more or less according to your tolerance to spicy food. However, do not use other types of Korean chilli flakes, as they could be too spicy.

Homemade Sichuanese pickles

INGREDIENTS

1 carrot
1 white radish
20 cabbage leaves (purple or white cabbage)
5 green chillies (mild ones)
** The amounts listed here are for reference only. You may use any one kind of vegetables more than others if you prefer, as long as they fit into the fermenting jar.

PICKLING BRINE

3 tbsp salt
1 tbsp brown sugar
2 tbsp Sichuan peppercorns
fresh chillies
1 whole pod star anise
1 litre cold drinking water

METHOD

1. Find a 2-litre fermenting jar. Pour in water and all ingredients of the pickling brine. Stir until the sugar and salt dissolve.
2. Dice or cut the vegetables into strips. Put them into the jar to fill it up to 80%. Make sure there is enough liquid to cover the vegetables. Cover tightly with the lid.
3. In summer, leave the vegetables to ferment at room temperature for 3 to 4 days. In winter, leave them at room temperature for 1 week. Just keep them at a cool spot in the shade at room temperature.

NOTE

1. To reuse a jar after pickling vegetables, rinse the jar thoroughly, dry it and rinse again with boiling water. This would ensure harmful bacteria are eliminated before the jar is used for making the next batch of pickles.
2. You may keep adding fresh vegetables to the pickling brine. Newly added pickles will be ready to serve in 7 days. When you retrieve any pickles from the jar, use a clean pair of chopsticks that have been scalded with boiling water. Try keeping the pickles away from oil and uncooked water, or they may go stale.
3. I prefer using glass jars specially made for fermentation of food items for this recipe. They have a valve on the lid that lets air flow out of the jar, but does not allow air to come in. Any gas produced in the fermentation process will be released, but external air cannot enter the jar to contaminate the pickles. If you're using a regular glass jar with airtight lid, you will have to open the lid twice a day to release the gas. Otherwise, the glass jar may crack due to the built up pressure.

Homemade distillers grains

INGREDIENTS

500 g glutinous rice (those with rounder grains are the best)

1 wine yeast cake

(You can get Shanghainese wine yeast cake with "Fu Lu" logo from wet markets. There are two cakes in one pack. If you're using wine yeast cake of other brands, just follow the instructions on the package to determine the amount of glutinous rice to use.)

3 litres cold drinking water

METHOD

1. Soak the glutinous rice overnight. Let it saturate with water. Drain. Boil some water in a steaming pot or wok. Line a steamer with muslin cloth. Spread the soaked glutinous rice flat over the muslin cloth. Steam over medium heat for 30 to 40 minutes.
2. Sprinkle with cold water over the steamed rice to cool down. Fluff it up with a clean spoon or chopsticks. When the rice is about 35°C, sprinkle with crumbled wine yeast. Stir well so that each grain is coated evenly in wine yeast.
3. Transfer the rice into a glass jar. Make a small hole at the centre to observe the progress of brewing. Leave the jar at 30°C for 4 days. Then keep in a fridge.

NOTE

There are glass jars specially designed for making pickles and brewing wine. They have a valve on the lid that let any built-up gases out of the jar. You don't have to open the lid twice a day to let the gas out and the glass jar won't crack due to built-up pressure.

In the preparation process, make sure every utensil and tool that comes in contact with the ingredients are thoroughly cleaned, with no traces of any water or oil. Otherwise, the wine would go stale.

Homemade Umeshu (Japanese plum wine)

INGREDIENTS

600 g green plums (preferably organic)
1.2 litres Shochu (about 28% alcohol)
200 g honey or rock sugar
**You may adjust the amounts of ingredients as long as the same ratio is followed.

METHOD

1. Soak the plums in water for 2 hours. Remove the stems. (These two steps help remove the bitter taste in the end product.) Rinse well. Leave the plums to be air dried or sun-dried.
2. Rinse a glass jar with boiling hot water. Drain. Put in the plums. Add Shochu. Seal the jar and leave for 1 month. Add 100 g honey or rock sugar. Seal again. Leave for another month. Add 100 g honey or rock sugar. Seal the jar. (The plums are left in the Shochu for the first month without any sugar so that the alcohol can extract more plum juice. If you put sugar in right from the start, the sugar will slow down the extraction process.)
3. Leave the glass jar at a shady spot for 6 months. Serve. (Usually fresh green plums are harvested in March and the Umeshu will be ready by August.)

Note

Do not use sake for this recipe. Due to its lower alcohol content, sake is not suitable for prolonged soaking of fruit. Umeshu is supposed to taste better as it ages. But some people think it tastes best when it's two years old.

Homemade chilli oil

INGREDIENTS

4 tbsp Sichuan ground chilli or Korean red pepper powder
2 tbsp white sesame seeds
5 slices ginger (you may use more or less)
250 ml Macadamia nut oil

METHOD

1. Heat Macadamia nut oil in a pot over low heat. Fry the ginger until dry and browned. Discard the ginger.
2. Heat the oil to 160°C. Turn off the heat and remove pot from heat (so that it won't be heated by the residual heat of the stove.) Add ground chilli and white sesame seeds. Stir briefly to heat evenly. Leave to cool down to room temperature. Transfer into sterilized glass bottles.

NOTE

1. Sichuan ground chilli is very spicy while Korean red pepper powder is very mild. You may choose according to your preference.
2. You can keep this chilli oil in the fridge.
3. For an extra dimension in taste, you can add 2 tbsp of fermented black beans in step 2.

Homemade yoghurt

INGREDIENTS

500 ml organic milk

100 ml plain yoghurt

** the ratio of milk to yoghurt (as starter) by volume is 5:1

METHOD

1. Heat milk to the gentle boil (about 90°C) to kill harmful bacteria. Turn off heat.
2. Let the milk cool down to 45°C. Pour into a thermal flask. Add plain yoghurt. Stir well and cover. Leave for 6 hours.
   (Adjust the volume of milk and yoghurt used according to the capacity of your thermal flask as long as the ratio of milk to yoghurt by volume equals to 5:1 or 4:1.)

NOTE

1. You may use a sealable glass bottle or a glass food storage box instead of a thermal flask. Just mix the milk and yoghurt. Pour into the container. Leave it at 30°C to ferment for 24 hours. You may wrap the container in a blanket or towel to keep it warm.
2. Lactobacillus and other probiotics only reproduce in the absence of oxygen. Thus, you must use a sealable container.
3. If you want fresh warm yoghurt for breakfast, you should make yoghurt in a thermal flask the night before. If you can't finish all the yoghurt, put the leftover in a fridge (0 to 4°C) so that it won't go stale. You may also set aside a small amount of yoghurt each time as a starter for the next batch. Besides, you may also introduce more varieties of probiotics to your yoghurt by adding yoghurt of different brands to milk on top of the starter you set aside from the last batch.

Salted cabbage brine

INGREDIENTS

1 white cabbage (about 500 g)

2 tsp salt (about 10 g)

** As a rule of thumb, salt to cabbage (by weight) equals to 1:50.

METHOD

1. Finely shred cabbage. Sprinkle with 2 tsp of salt. Mix well. Transfer into an airtight jar up to 70% full. Press firmly. Sprinkle some salt on the top of the cabbage. Seal the jar.
2. Keep it at room temperature and let the cabbage ferment slowly. The water drawn out of the cabbage will become brine by the 7th day. During this period, stir the cabbage once a day with a clean pair of chopsticks. Try to lift the pieces from the bottom to the top so that all cabbage ferments fully.

NOTE

There are glass jars specifically invented for fermentation of food items such as salted cabbage, Kimchi or even brewing wine. There are holes on the lid of such jars so that gases produced in the fermentation process may escape unilaterally from the bottle, but not the other way round. If you use a regular glass jar, make sure you open the lid every day to let the gases out. Otherwise, the jar may crack under built-up pressure.

For this recipe, you need to stir the cabbage every day anyway, so that no gas pressure will be built up in the jar.

Homemade bread (made with bread machine)

INGREDIENTS

1 egg
200 ml water
2 tbsp coconut oil
1/2 tsp salt
2 tbsp raw brown sugar
150 g organic wholemeal flour
200 g organic bread flour
1 tsp instant yeast

METHOD

Put the ingredients into the baking pan of your bread machine in the above order. Start the machine and let it complete a basic cycle. (It makes a loaf about 500 g.)

Homemade egg noodles

INGREDIENTS

100 g flour
1 medium egg

METHOD

1. Beat flour into the egg. Knead into dough. (Add a little water if it's too dry. Yet, don't make the dough too wet. Otherwise, it will be difficult to cut neatly into noodles.) Let the dough rest for 15 to 30 minutes at room temperature. Roll it out with a rolling pin into a sheet of equal thickness.
2. Put the dough into a pasta cutter. Start with a thicker setting and turn it to a thinner setting after each roll until the dough reaches your desired thickness. Replace with a cutting attachment and cut the noodles.

NOTE

Fresh noodles taste best if cooked and served at once. But if you made too much, you can drape them on a rack to hang dry. Then freeze the dried pasta. It's best that you finish it within a week.

Raisin tea

INGREDIENTS

30 raisins
250 to 300 ml water

METHOD

Pour 1 cup of water into a pot. Put in the raisins. Bring to a boil over high heat. Turn to low heat and simmer for 5 minutes. Turn off the heat and let cool slightly. Serve both the tea and the raisins. Serve once a day.

Mung bean and Huai Shan soup for eczema

INGREDIENTS

30 g Huai Shan
30 g mung beans
30 g dried lily bulbs
15 g Job's tears
15 g fox nuts
water

METHOD

Put all ingredients into a pot. Boil until all ingredients are mushy. Serve.

NOTE

1. For the best results, serve twice a day, half dose at a time, for a few days continuously. DO NOT season with white sugar or rock sugar.
2. This soup clears Heat and detoxifies, benefits the Spleen and expels Dampness. It is effective in easing eczema caused by Spleen-Asthenia with overwhelming Dampness, characterized by impaired sense of taste and flaking oozing skin without redness.

Veggie puree

INGREDIENTS
fresh Bok Choy
carrot
white cabbage

METHOD
1. Rinse all ingredients and dice them. Put them into a pot. Add water so that half of the ingredients are submerged. Bring to a boil and cook for 15 minutes.
2. Mash the mixture with a fork or puree it in a food processor. You may season with salt or honey, but not white sugar. Serve.

Angled loofah puree

INGREDIENTS
30 g fresh angled loofah

METHOD
Peel the angled loofah. Cut into pieces. Put it into a pot. Add water to just cover. Bring to the boil. Season the soup with salt and mash the angled loofah. Serve both to your children. (Or pour both the soup and angled loofah into a blender. Puree and serve).

Mung bean soup with honey

INGREDIENTS

50 g mung beans
1 tsp honey
1 litre water

METHOD

1. Soak the mung beans in water overnight. Drain. Rinse again.
2. Cook the mung beans in a pot with 1 litre water for about 1 hour until the beans are tender and mushy. Wait till the soup cools down slightly. Stir in honey and serve.

NOTE

1. Serve twice a day, half dose at a time, for 15 to 20 days continuously. This soup also alleviates sore throat, chronic nephritis and uremia.
2. Cook the mung beans for 30 minutes if you use a pressure cooker. As water doesn't evaporate as much in a pressure cooker, 700 to 800 ml of water will be enough.

Yam tea

INGREDIENTS

1 stem fresh yam (Huai Shan)
1 carrot
1 bundle dried corn silks
water (enough to cover all ingredients)

METHOD

Peel and cut yam and carrot into pieces. Put them into a pot. Add water and a bundle of corn silks. Boil for 40 minutes. Serve the tea in place of water throughout the day. You may also eat the yam and carrot.

NOTE

From Chinese medical point of view, dried corn silks expel Dampness and ease allergic reactions. You can get them from Chinese herbal stores.

Black bean soup with black Lingzhi

INGREDIENTS

75 g black Lingzhi
75 g black beans
10 bowls water

METHOD

1. Soak black beans in water overnight. Drain. Rinse again with water.
2. Rinse the black Lingzhi. Soak it in water overnight. DO NOT drain. Put the black Lingzhi and the soaking water in the pot to cook with black beans.
3. Put all ingredients into a pot. Bring to a boil. Turn to medium-low heat and simmer for 1 hour. Turn off the heat. Squeeze the black Lingzhi from time to time to release its flavour.

NOTE

1. The recipe here is for the dosage of 4 days. You don't need to add anything else.
2. Let the soup cool at room temperature. Then store in the fridge. Serve one bowl every morning and one bowl every night for 4 consecutive days.

Garlic tea

INGREDIENTS

1 clove garlic
warm water
honey

METHOD

Grate or finely chop garlic. Let stand for 15 minutes to let the allicin compounds react with air. Then add warm water and honey. Serve before breakfast in the morning on an empty stomach.

Smoked plum tea

INGREDIENTS

2 smoked dried plums
5 slices raw liquorice
1 tbsp chrysanthemums
6 g Chuan Xiong
10 g Bai Zhi
12 g Cang Er Zi
6 Xin Yi Hua flowers
2 red dates
800 ml water

METHOD

Rinse all ingredients. Put all ingredients except chrysanthemums into a pot. Add water and bring to a boil. Simmer over low heat for 15 minutes. Add chrysanthemums. Keep simmering for 3 more minutes. Serve.

NOTE

You may also make the tea in a thermal mug. Put in all ingredients. Pour in boiling water and swirl to rinse the ingredients once. Drain. Then add boiling water again and cover. Leave it for 30 minutes. Serve.

Mai Dong and Di Huang soup

INGREDIENTS

5 g Mai Dong
10 g raw Di Huang
10 g steamed Di Huang
100 g lean pork or pork bones (you may adjust the amount)
100 g tofu
1 litre water

METHOD

Put all ingredients into a pot (except tofu). Bring to a boil. Add tofu and reduce to low heat. Simmer for 2 hours. Serve.

Bu Zha Ye and Huo Tan Mao tea

INGREDIENTS

30 g Bu Zha Ye
20 g raw malt
20 g Shen Qu
30 g Huo Tan Mao
5 bowls water

METHOD

Rinse all ingredients. Put them into a pot. Let the herbal ingredients to soak for 15 minutes. Then turn the heat to high and bring to a boil. Reduce to medium-low heat and cook until the liquid reduces to 2 bowls. Serve twice a day, for 3 consecutive days.

Lean pork soup with cassia bark and Bai Shao

INGREDIENTS

8 g cassia bark
8 g Bai Shao
8 g sliced Japanese ginseng (or ginseng roots, Korean ginseng or Jilin ginseng)
6 red dates
4 slices ginger
10 slices lean pork
3 bowls water (about 750 ml)
rice wine

METHOD

1. Blanch pork in boiling water until cooked.
2. Put all ingredients into a double-steaming pot (except rice wine). Steam for 30 minutes. Add rice wine at last. Serve.

NOTE

Serve this soup at dinner time. If you're making it for children, use less rice wine. However, those with Dry-Hot disposition who are prone to dryness in the mouth, constipation, hard stools and ill temper; those with accumulated Heat in the digestive tract; and those suffering from flu due to accumulated Heat should not consume this soup.

Pork tripe soup with Huang Qi and dried tangerine peel

INGREDIENTS
1 pork tripe
38 g Huang Qi
15 g aged dried tangerine peel
water

METHOD
Rinse the pork tripe. Trim off the fatty membranes. Cut it into a few chunks. Put it into a pot. Add herbal ingredients and water. Boil until the pork tripe is mushy and breaks down. There should be 4 to 5 bowls of liquid remains. Serve 1 to 2 bowls two hours before sleep at night. You don't need to eat the pork. Serve the remaining soup in the morning and at noon the next day. Serve 15 doses consecutively.

Ancient remedy to ease blood vessel blockage

INGREDIENTS
ginger
garlic
lemon
250 ml organic apple cider vinegar (5% acid)
250 ml all-natural honey

METHOD
1. Peel ginger, garlic and lemon. Put them in a juicer separately (not a blender or food processor, as we want the juice, not the fibre). You will need 250 ml of each juice.
2. Pour the three juices into a clay pot. Add organic apple cider vinegar. Bring to a boil. Cook over low heat without the lid for roughly 30 minutes. The juices should reduce to 2.5 or 3 cups.
3. Let cool. Stir in honey. Keep in a glass jar. Keep in the fridge.
4. To serve, add 1 tbsp of the remedy to 100 ml of warm water. Serve with an empty stomach the first thing in the morning. Those with more sensitive digestive tract may add more water so that you don't feel upset.

Papaya green tea

INGREDIENTS

1 small green papaya

1 or 2 green tea teabags of your choice (such as Longjing, jasmine or Oolong)

METHOD

1. Rinse the papaya and de-seed it. Slice with skin on. Put in a pot and add enough water to cover. Cook over low heat for 30 minutes.
2. Strain the papaya soup. Pour the hot soup into a cup with green tea teabag. Serve 3 to 5 times a week.

Fresh lily bulb soup

INGREDIENTS

4 fresh lily bulbs

110 g lean pork

5 bowls water

METHOD

Dice the pork and blanch in boiling water. Drain. Put all ingredients into a pot. Boil for 90 minutes until 1 bowl of liquid remains. Serve all at once.

NOTE

1. You can get fresh lily bulbs from supermarkets.
2. Blanching in water means to put the pork in cold water. Bring to a boil and turn off the heat. Drain. This step helps remove some of the purine in the meat.

Jue Ming Zi tea

INGREDIENTS

15 to 30 g Jue Ming Zi

METHOD

Put Jue Ming Zi in a thermal mug. Add boiling water. Serve the tea in place of water.

NOTE

If time allows, add a handful of mung beans to make soup with Jue Ming Zi. This is a great recipe for stress relief.

Cao Jue Ming, Dang Shen and Hawthorne in green tea

INGREDIENTS

8 g Cao Jue Ming
8 g Dang Shen
10 haw flakes
4 to 5 g green tea leaves
hot water

METHOD

Rinse a thermal mug with hot water. Put in all ingredients (except water). Pour in boiling water. Cover and leave for 30 minutes. Serve.

NOTE

This tea is great for office workers. Just serve it in place of water throughout the day. You can regulate your bodily functions without leaving the office.

Blood fat reducing herbal tea

INGREDIENTS
15 g Dan Shen
15 g He Shou Wu
15 g Huang Jing
15 g Ze Xie
15 g hawthorne
800 to 1000 ml water

METHOD
Soak all herbal ingredients in water for 30 minutes. Drain. Put them in a pot and add 800 to 1000 ml of water. Bring to a boil. Reduce to low heat and cook for 15 to 20 minutes. Pour the liquid and all solid ingredients into a thermal flask. Carry it with you and serve the tea in place of water.

Gou Teng tea

INGREDIENTS
10 to 25 g Gou Teng

METHOD
Put Gou Teng into a thermal mug. Add boiling water. Cover and leave it for 40 minutes and serve. After the tea is finished, add boiling water again for the second brew.

Pork lung soup with loquat leaves and water chestnuts

INGREDIENTS

38 g loquat leaves
38 g sweet and bitter almonds
190 g peeled water chestnuts
1 pork lung
water

METHOD

1. Rinse pork lung thoroughly. Cut into chunks. Fry in a dry wok until no more water comes out of it.
2. Boil a pot of water. Put in all ingredients. Bring to a boil over high heat. Reduce to medium-low heat. Simmer for 2 hours. Serve.

NOTE

1. This soup needs no seasoning.
2. Serve half of the soup each time on an empty stomach for 3 consecutive days. Serve the soup first. Then serve hot onion juice before sleep.

Golden Paste

INGREDIENTS

1/2 cup turmeric
1/3 cup (70 ml) cold pressed coconut oil
1.5 tsp (about 3 g) ground black pepper
1 cup (250 ml) water

METHOD

1. Mix turmeric with water in a pot. Cook over low heat while stirring gently for 7 to 10 minutes until the mixture turns into a paste.
2. Turn off the heat. Add coconut oil and ground black pepper. Stir to mix well.
3. Let cool and it can keep in the fridge for up to 2 weeks. Or, you may divide it among small zipper bags and keep them in a freezer. It would last many more weeks.

Wood ear fungus tea

INGREDIENTS

75 g wood ear fungus
75 g lean pork
5 red dates (de-seeded)
2 slices ginger
water

METHOD

Soak wood ear fungus in water in a pot until soft. Add lean pork, red dates and ginger. Add some water if needed. Boil for 1 hour to yield 2 bowls of tea. Serve every morning on an empty stomach. Serve also some of the solid ingredients if desired.

NOTE

Variation: wood ear fungus puree

Just remove the pork. Put the tea with all its remaining solid ingredients into a blender or food processor. Puree and season lightly with salt. Serve.

Alternative recipe: wood ear and Maitake puree

Alternatively, soak 3 to 5 florets of wood ear fungus and 2 to 3 florets of Maitake mushrooms in water for 1 hour. Add 5 de-seeded red dates and 2 slices of ginger. Bring to a boil. Then cook it down to about 2 cups of liquid. Let cool and put all ingredients and the soup into a blender. Blend till fine. Add a dash of honey right before serving. Serve one cup in the morning and serve another cup one hour before sleep at night.

Hot onion juice

INGREDIENTS

1 large onion

METHOD

Peel and shred the onion. Put in a bowl. Steam for 30 minutes. Serve the juice.

Dried tangerine peel and perilla leaf tea

INGREDIENTS

2 pieces dried tangerine peel
6 to 8 perilla leaves
1 cup hot water

METHOD

Soak dried tangerine peel and perilla leaves in a cup of hot water for 30 minutes. Serve hot.

Four-bean soup

INGREDIENTS

20 soybeans
15 black beans
15 mung beans
15 white kidney beans
water

METHOD

Boil the four kinds of beans in water until mushy. Strain and serve the liquid. Serve all soup right after making it. Do not serve cold or leave it overnight.

作者簡介

嚴浩，國際知名得獎導演、暢銷書作家、專欄作家、食療養生達人，分享的秘方功效顯著，網上追隨者遍布世界。最近將天然食療與來自歐洲的頂級隱世醫學結合，創立「食療主義」健康綠洲，為更有效提高大眾健康繼續做貢獻。

嚴浩天然養生藥廚　萬人實戰的食療

作者
嚴浩

Author
Yim Ho

策劃/編輯
Project Editor
Catherine Tam

攝影
Photographer
Imagine Union

美術統籌及設計
Art Direction & Design
Amelia Loh

出版者
香港鰂魚涌英皇道1065號
東達中心1305室
電話
傳真
電郵
網址

Publisher
Wan Li Book Company Limited
Room 1305, Eastern Centre, 1065 King's Road,
Quarry Bay, Hong Kong.
Tel: 2564 7511
Fax: 2565 5539
Email: info@wanlibk.com
Web Site: http://www.wanlibk.com
http://www.facebook.com/wanlibk

發行者
香港聯合書刊物流有限公司
香港新界大埔汀麗路36號
中華商務印刷大廈3字樓
電話
傳真
電郵

Distributor
SUP Publishing Logistics (HK) Ltd.
3/F., C&C Building, 36 Ting Lai Road,
Tai Po, N.T., Hong Kong
Tel: 2150 2100
Fax: 2407 3062
Email: info@suplogistics.com.hk

承印者
萬里印刷有限公司

Printer
Prosperous Printing Co., Ltd.

出版日期
二〇一六年七月第一次印刷
二〇一八年七月第四次印刷

Publishing Date
First print in July 2016
Fourth print in July 2018

ISBN 978-962-14-6633-4
Published in Hong Kong